U0269340

西瓜、甜瓜提质增效生产技术图谱

赵卫星　李晓慧　吴占清　主编

河南科学技术出版社
· 郑州 ·

图书在版编目（CIP）数据

西瓜、甜瓜提质增效生产技术图谱 / 赵卫星，李晓慧，吴占清主编. —郑州：河南科学技术出版社，2019.12（2020.8重印）

ISBN 978-7-5349-9783-9

Ⅰ.①西… Ⅱ.①赵… ②李… ③吴… Ⅲ.①西瓜-瓜果园艺—图谱 ②甜瓜—瓜果园艺—图谱 Ⅳ.①S65-64

中国版本图书馆CIP数据核字（2019）第274957号

出版发行：河南科学技术出版社
　　　　地址：郑州市郑东新区祥盛街27号　　邮编：450016
　　　　电话：（0371）65737028　65788613
　　　　网址：www.hnstp.cn
策划编辑：陈　艳　陈淑芹　编辑信箱：hnstpnys@126.com
责任编辑：陈　艳
责任校对：吴华亭
装帧设计：张德琛
责任印制：张艳芳
印　　刷：河南博雅彩印有限公司
经　　销：全国新华书店
开　　本：890 mm×1240 mm　　1/32　　印张：4.25　　字数：150千字
版　　次：2020年1月第1版　　2020年8月第2次印刷
定　　价：25.00元

本书编者名单

主　　编：赵卫星　李晓慧　吴占清

副 主 编：王　强　常高正　康利允　高宁宁　霍治邦
　　　　　范君龙　董彦琪

编写人员：徐小利　梁　慎　李　海　李海伦　程志强
　　　　　王慧颖　胡永辉　李敬勋　张国建　张彦淑
　　　　　刘俊华　张雪平　赵跃锋　侯晟灿　王洪庆
　　　　　师晓丹

前 言

西瓜、甜瓜在我国果蔬生产和消费中占据着重要的地位。随着农业结构的调整，我国西瓜、甜瓜产业发展迅速，2016 年全国西瓜的播种面积约 190 万公顷，总产量约 8 000 万吨；甜瓜的播种面积约 50 万公顷，总产量约 1 650 万吨，已成为部分县区农民增产致富的支柱产业。近年来，虽然我国西瓜、甜瓜产业获得了长足发展，但果品质量安全、农民"增产不增收"、产业"大而不强"等问题日益凸显，在不同程度上影响着种植者的积极性，制约着西瓜、甜瓜产业的健康可持续发展。

2017 年中央 1 号文件指出，要促进园艺作物增值增效，实施优势特色农业提质增效行动计划，促进蔬菜瓜果等产业提档升级。在我国现代农业西瓜、甜瓜产业技术体系、河南省"四优四化"科技支撑行动计划、河南省财政专项等项目资助下，编者依据近年来西瓜、甜瓜栽培生产中出现的问题，就品种选择、水肥管理、土壤消毒以及病虫害综合防治等"节本提质增效"关键技术进行了整理、汇编，采用图文并茂的形式逐一介绍，编写了本书。本书的出版有利于推进西瓜、甜瓜生产方式转变，全面提升西瓜、甜瓜品质和栽培技术水平，加快科技兴农，助推农民增产增收。

本书介绍了我国西瓜、甜瓜优势产区概况、产业发展现状以及发展方向，收录了目前生产中不同类型的 24 个西瓜品种、24 个甜瓜品种，并聚焦"提质增效"，详细介绍了涵盖西瓜、甜瓜生产从种子处理到贮藏保鲜整个种植过程中 36 项关键技术。同时，书中介绍每个关键环节时都配有大量来自生产实践中的彩色图片，更加直观、易懂，实用性、操作性强，适合广大农业技术人员、种植户学习使用，也可供农林院校学生阅读参考。

由于我国地域辽阔，各地生产状况、环境条件有较大差异，建议读者在阅读本书的基础上，结合当地实际情况进行试验示范后再推广应用，切不可机械地照搬本书所述。

　　本书在编写过程中得到河南省各科研院所和农业推广人员的大力支持，在此表示衷心感谢；编写过程中参阅和引用了一些研究资料，在此向有关作者表示谢意。由于编者水平有限，书中若有疏漏之处，敬请专家和读者批评指正。

编者

2019 年 4 月

目录

一、 我国西瓜、甜瓜生产概况

　　西瓜、甜瓜在我国果蔬生产和消费中占据着重要的地位，不仅是带动农民就业增收的高效园艺作物，也是满足城乡居民生活需求的重要时令水果。近年来，我国西瓜、甜瓜产业获得长足发展，其播种面积已超过麻类、糖料、烟叶、药材等传统经济作物，约占种植业总播种面积的1.5%，其产值约为种植业总产值的6%，在部分主产区达到20%以上，已成为农民增收的支柱产业。

（一）西瓜、甜瓜产业的规模与分布

　　我国是全球西瓜、甜瓜生产与消费的第一大国，2016年西瓜的播种面积约190万公顷，总产量约8 000万吨；甜瓜的播种面积约50万公顷，总产量约1 650万吨。西瓜、甜瓜产业在我国农业结构调整与农民增收中发挥着重要作用。同时，西瓜搭配甜瓜作为鲜食水果蔬菜，在满足人民日益增长的生活需求中发挥着重要功能，由于其品种类型多样，依据各地独特的气候与土壤条件，在全国各地形成了各具特色、品质优良的优势栽培产区，成为许多地区打造农业优势产品的重要作物。

1. 全国西瓜主要优势产区

　　（1）北京西瓜优势产区。

　　1）大兴区作为北京西瓜的主要产区，年种植在9万亩左右，占北京市播种面积的60%以上。在栽培方式上，温室、大棚等保护地面积达4万亩以上，以大棚栽培为主，90%以上采用嫁接栽培。品种类型以中果型和小果型西瓜为主。

2）顺义区西瓜种植面积稳定在3.5万亩左右，生产方式包括塑料大棚、日光温室、小拱棚栽培、露地生产等，以春季大棚生产面积最大。品种类型包括中果型、小果型和无籽西瓜。

（2）天津西瓜优势产区。静海县台头镇现有西瓜种植面积约1.11万亩，主要采用春茬大棚、秋茬大棚、春茬露地栽培。主栽品种有中果型和大果型西瓜。

（3）上海西瓜优势产区。

1）崇明县西瓜种植面积约7.28万亩，以大棚、小拱棚、地膜露地栽培为主，品种类型以中果型西瓜为主，兼有少量小型西瓜。

2）浦东新区和金山区西瓜种植面积分别为5.04万亩和3.24万亩，品种类型包括中果型和小果型西瓜。

（4）河北西瓜优势产区。

1）阜城县西瓜种植面积10万亩，其中早春大棚西瓜1.5万亩，小拱棚西瓜7万亩，单膜露地西瓜1.5万亩。大棚及小拱棚品种以早熟中果型西瓜为主，单膜露地以中晚熟大果型西瓜为主。

2）新乐市西瓜种植面积5.9万亩，采用大棚西瓜、中小棚西瓜、温室礼品西瓜吊蔓栽培等多种栽培方式。品种类型以早熟品种为主。

3）武邑县西瓜种植面积4.6万亩，主要采用拱棚西瓜与棉花间作、大拱棚栽培。栽培品种以中果型西瓜为主。

4）清苑县常年西瓜种植面积11.3万亩，其中日光温室1万亩，大棚3万亩，中小拱棚6万亩。品种类型包括早熟中果型和中晚熟大果型西瓜。

（5）陕西西瓜优势产区。

1）蒲城西瓜种植面积10.3万亩。以拱棚栽培为主，品种由过去的晚熟高产大型西瓜品种如新红宝等逐步向早中晚、大中小搭配的品种多样化方向发展。生产中的多膜覆盖、简易滴灌、嫁接育苗等应用面积占总面积的60％以上。

2）渭南市大荔县西瓜种植面积约10万亩，生产方式有露地、中大拱棚、日光温室栽培3种。品种类型包括早中熟、中晚熟、小果型及无籽西瓜。

3）渭南市临渭区西瓜种植面积约6万亩，采取春夏茬中大拱棚栽培。品种类型以早中熟、中晚熟和小果型西瓜为主。

4）渭南市合阳县西瓜种植面积约2.7万亩，采取春夏茬露地及简易地膜栽培。品种类型以无籽西瓜为主，兼有中晚熟大果型西瓜。

（6）辽宁、吉林、黑龙江西瓜优势产区。

1）辽宁省新民市梁山镇西瓜种植面积约7.5万亩，采用温室、大中棚、大拱棚、双拱棚、单膜等5种模式种植。品种类型包括大果型、小果型及无籽西瓜。

2）吉林省白城地区洮南市黑水镇、四平地区公主岭市及梨树县西瓜生产面积11.82万亩，栽培方式包括露地单膜直播、露地单双膜覆盖移栽、露地单双膜嫁接栽培。品种类型包括早熟中果型和晚熟大果型西瓜。

3）黑龙江省哈尔滨市双城市西瓜种植面积7万亩，大部分为露地直播，40%为中晚熟品种，60%为早熟品种；双鸭山市集贤县西瓜种植面积5万亩，90%为露地栽培，多数为中晚熟品种。

（7）江苏西瓜优势产区。

1）东台西瓜种植面积约26万亩，采用工厂化供苗、穴盘基质育苗、大棚多层覆盖、微滴灌等新型设施栽培技术，普及应用了温湿度调控、整枝压蔓、人工授粉、疏果留果等新型适用技术。品种类型以中果型和小果型西瓜为主。

2）淮安市盱眙县西瓜种植面积约6.5万亩，主要采用大棚早熟栽培、小拱棚栽培、地膜栽培、麦套瓜栽培和露地栽培。品种类型包括早熟中果型、晚熟大果型和小果型西瓜。

3）新沂市高流镇、双塘镇、时集镇西瓜种植面积6.5万亩，以早春大棚栽培、麦茬露地栽培为主，早春大棚栽培可以"一种多收"，连续收获5～6茬瓜。品种类型包括早熟中果型和小果型西瓜。

4）南通市如东县西瓜种植面积约6.5万亩，栽培方式有大棚早春、秋延栽培、小拱棚覆盖栽培、地膜覆盖+棉花套种栽培。品种类型以早熟中果型、晚熟大果型西瓜为主，辅以小面积的无籽西瓜。

5）南京市江宁区横溪镇西瓜种植面积约5万亩，大多采用大中棚栽培与水稻、蔬菜轮作，嫁接栽培达100%。品种类型以早熟中果型和小果型西瓜为主。

6）连云港市东海县曲阳乡、牛山镇西瓜种植面积约8.4万亩，以大棚栽培为主，也有一小部分以小拱棚形式栽培。品种类型以早熟中果型和小果型西瓜为主。

7）大丰市西瓜种植面积约8万亩，主要采用大中小棚设施栽培，品种类型包括中果型和小果型西瓜；盐城市射阳县西瓜面积11.5万亩，主要采用设施栽培，品种类型以小果型西瓜为主。

8）徐州市铜山区西瓜种植面积4.79万亩，采用日光温室、大中拱棚、露地栽培，品种类型包括中果型和小果型西瓜。阜宁县西瓜种植面积10万亩，沭阳县设施西瓜生产区面积2.5万亩。

（8）浙江西瓜优势产区。

1）鄞州区西瓜种植面积约8.68万亩，栽培方式主要采用毛竹大棚或钢棚爬地长季节栽培。品种类型以早熟中果型西瓜为主。

2）慈溪市西瓜种植面积7.66万亩，以露地小拱棚地膜覆盖爬地栽培为主，大棚长季节栽培为辅。品种类型以中晚熟大果型、早熟中果型及小果型西瓜为主。

3）长兴县西瓜种植面积5.41万亩，主要采用瓜稻水旱轮作、大棚多批次采收的栽培方式。品种类型以早熟中果型和小果型西瓜为主。

4）温岭市西瓜种植面积5.23万亩，以毛竹大棚三膜覆盖全程避雨长季节栽培为主。品种类型以早熟中果型西瓜为主。

5）虞市西瓜种植面积5.23万亩，以露地栽培和小拱棚地膜覆盖栽培为主。品种类型以中晚熟大果型和早熟中果型西瓜为主。

6）常山县西瓜种植面积5.1万亩，栽培方式以稻瓜轮作、简易毛竹大棚长季节栽培为主。品种类型主要包括早熟中果型和小果型西瓜。

（9）安徽西瓜优势产区。

1）砀山县西瓜种植面积约20万亩，采用中小拱棚、日光温室栽培，品种类型以早熟中果型西瓜为主。

2）亳州市谯城区西瓜种植面积约17.5万亩，栽培方式以小拱棚及露地栽培为主。品种类型主要包括早熟中果型、中晚熟大果型和小果型西瓜。

3）宿州市埇桥区西瓜种植面积约16万亩，蚌埠市五河县8.7万亩，蚌埠市固镇县20万亩，宿州市灵璧县14万亩，宿州市泗县14万亩，萧县11.4万亩，阜阳市阜南县5.5万亩。栽培方式以小拱棚及露地栽培为主（小麦、马铃薯、棉花套西瓜，西瓜茬种胡萝卜）。主栽品种包括早熟中果型和小型西瓜。

4）肥东县西瓜种植面积约5.6万亩，栽培方式多样，主要包括地膜覆盖加小拱棚、地膜覆盖、地膜覆盖加简易小拱棚。品种类型以中早熟为主。

（10）福建西瓜优势产区。

1）长乐市西瓜种植面积约4万亩，以大棚和露地栽培为主，品种类型主要包括中晚熟大果型和无籽西瓜。

2）连江县西瓜种植面积约3万亩，采取小拱棚和露地栽培，品种类型以中果型和小型西瓜为主。

3）霞浦县西瓜种植面积约1.5万亩，主要采取露地栽培，品种类型以中晚熟大果型和无籽西瓜为主。

（11）山东西瓜优势产区。

1）东明县西瓜种植面积约40万亩，栽培方式：主要是麦田套种，瓜棉（玉米、花生）间作，一年三种三收。反季节栽培以小拱棚为主，兼有少量的日光温室、大拱棚等。品种结构以大果型西瓜为主，兼有小果型和早熟中果型西瓜。

2）昌乐县西瓜种植面积约15万亩，全部设施栽培，品种包括推广无籽、有籽两个系列，红瓤、黄瓤两种类型，大、中、小三种规格的西瓜。

3）青州市西瓜种植面积约13.5万亩，采用拱棚栽培，品种类型以早熟中果型和晚熟大果型西瓜为主。

4）禹城市西瓜种植面积约8.6万亩，采用设施栽培+多层覆盖种植方法，品种类型以大中果型西瓜为主，兼有小果型西瓜。

5）聊城高唐县西瓜种植面积约8万亩，栽培方式以双膜栽培和单膜栽培为主，品种类型主要为中晚熟大果型西瓜。

6）济宁市泗水县西瓜种植面积约7.5万亩，栽培模式包括大棚、中棚、小棚和露地地膜栽培，品种类型以早熟中果型和晚熟大果型西瓜为主。

7）东昌府区西瓜种植面积约5.8万亩，主要采用大拱棚下三层覆盖栽培方式以及中小拱棚双膜覆盖栽培方式。主要栽培品种有早熟中果型西瓜。

8）临沂市西瓜种植面积约5.2万亩，栽培方式主要有早春三膜大拱棚、中小拱棚，品种类型以早熟中果型和晚熟大果型西瓜为主。

9）济南市章丘区西瓜种植面积约5万亩，栽培方式多样，大拱棚、小拱棚、露地均有，品种类型以早熟中果型和晚熟大果型西瓜为主。

（12）河南西瓜优势产区。

1）太康县西瓜种植面积稳定在30万亩左右，采用小麦—西瓜套种露地栽培，品种类型主要包括中晚熟大果型和无籽西瓜。

2）通许县西瓜种植面积23万亩，栽培方式主要包括小麦—西瓜—棉花（辣椒）一年三熟种植模式、春马铃薯—无籽西瓜—秋花椰菜一年三熟种植模式、小麦—西瓜—棉花（辣椒）—玉米一年四熟种植模式、小麦—无籽西瓜—秋花椰菜一年三熟种植模式。品种类型主要以中晚熟大果型和无籽西瓜为主。

3）扶沟县西瓜种植面积15万亩，采用小麦—西瓜套种、花生—西瓜套种，品种类型主要以中晚熟大果型和无籽西瓜为主。

4）中牟县西瓜种植面积13万亩，以大棚生产为主，兼有露地栽培，种植品种主要包括早熟中果型、晚熟大果型和小果型西瓜。

5）祥符区西瓜种植面积10万亩，栽培模式主要是地膜栽培，有65%采用嫁接苗技术，品种类型包括早熟和中晚熟西瓜。

6）夏邑县西瓜种植面积在14.2万亩左右，栽培模式以大棚爬地栽培为主，兼有露地栽培，品种类型主要以早熟中果型西瓜为主，兼有中晚熟大果型西瓜。

7）确山县西瓜种植面积约5万亩，采用地膜覆盖和双膜（天地膜）覆盖栽培，以中晚熟大果型品种为主。

（13）湖北西瓜优势产区。

1）荆州区西瓜种植面积30万亩，栽培方式以露地栽培为主，兼有小拱棚双膜覆盖栽培和其他模式，在栽培模式上逐渐形成了无籽西瓜—麦棉套种模式、嫁接黑美人—棉花模式、西瓜—稻轮作模式、西瓜—菜套种模式等。品种类型主要包括早熟中果型、中晚熟中大果型西瓜。

2）宜城市西瓜种植面积15万亩，以地膜覆盖栽培为主，小拱棚栽培为辅。栽培品种以黑美人类型品种为主。

3）钟祥市西瓜种植面积10万亩，主要栽培模式为麦—西瓜—棉地膜栽培，还有极少量大棚、小拱棚双膜栽培。栽培品种以中熟大果型品种为主，兼有早熟中果型西瓜。

4）潜江市西瓜种植面积6.0万亩，栽培方式包括露地栽培和设施栽培。品种类型以无籽西瓜为主。

5）武汉市蔡甸区西瓜种植面积5.5万亩，栽培主要采用五膜覆盖、四膜覆盖等方式。种植模式为西瓜—藜蒿、西瓜—甜玉米、西瓜—棉花套种等。品种类型主要包括小果型、中果型西瓜。

6）松滋市西瓜种植面积5.2万亩，栽培方式主要为瓜—棉套种地膜覆盖，还有极少量大棚搭架栽培。品种类型主要以中晚熟大果型为主，辅以少量早熟中果型西瓜。

7）仙桃市西瓜种植面积5.15万亩，栽培方式包括大棚春季提早栽培、春夏露地地膜栽培、棉田套种栽培、大棚秋延后栽培。栽培品种以中晚熟大果型西瓜为主，兼有早熟中果型和小果型西瓜。

8）洪湖市西瓜种植面积5万亩，栽培方式有瓜棉间套与地膜覆盖栽培。品种类型以中晚熟大果型无籽西瓜为主。

9）石首市西瓜种植面积3.2万亩，主要采用西瓜—棉花套种、西瓜—稻轮作等露地栽培方式，品种类型主要以晚熟大果型西瓜为主。

（14）湖南西瓜优势产区。

1）永州市冷水滩区西瓜种植面积在10万亩左右，采用地膜覆盖稀植栽培，品种类型包括早熟中果型和小果型西瓜。

2）祁阳县西瓜种植面积在5万亩左右，以露地栽培为主，搭配大棚种植，品种类型包括早熟中果型、晚熟大果型和小果型西瓜。

3）常德市鼎城区西瓜种植面积6万亩，以露地栽培为主，少量大棚栽培，品种类型以中晚熟大果型和无籽西瓜为主。

4）麻阳苗族自治县西瓜种植面积5万亩，采用地膜覆盖栽培和大棚架式栽培。品种类型包括中晚熟有籽和无籽西瓜，兼有少量小果型西瓜。

5）邵阳县西瓜种植面积3.3万亩，以露地粗放栽培为主，辅以少量设施栽培，品种类型包括中晚熟有籽和无籽西瓜，兼有少量小果型西瓜。

6）邵东县西瓜种植面积3万亩，栽培方式有地膜覆盖、露地栽培和大棚设施栽培。品种类型以中晚熟有籽和无籽西瓜为主，兼有早熟中果型西瓜。

7）衡阳县西瓜种植面积2.6万亩，采用西瓜—晚稻，棉花—西瓜套种，西瓜—蔬菜，西瓜—油菜，西瓜—西瓜等栽培模式。品种类型以晚熟大果型西瓜为主。

（15）海南西瓜优势产区。

1）文昌市西瓜种植面积5.0万亩，栽培方式以露地爬地栽培为主，辅以少量小拱棚爬地栽培。品种类型多样化，包括早熟中果型、晚熟大果型有籽和无籽、小果型西瓜。

2）万宁市西瓜种植面积4.0万亩，栽培方式以露地爬地栽培为主，兼有小拱棚爬地栽培。栽培品种包括中晚熟大果型无籽、早熟中果型及小果型西瓜。

3）东方市西瓜种植面积3.5万亩，以露地爬地栽培为主，兼有小拱棚爬地栽培。栽培品种包括中晚熟大果型无籽、早熟中果型及小果型西瓜。

4）乐东黎族自治县西瓜种植面积3.0万亩，主要栽培方式为露地爬地栽培。栽培品种包括中晚熟大果型有籽和无籽及小果型西瓜。

5）陵水黎族自治县西瓜种植面积3.0万亩，栽培方式中露地爬地栽培占80%，小拱棚爬地栽培占20%。栽培品种包括中晚熟大果型无籽、早熟中果型及小果型西瓜。

6）三亚西瓜种植面积2.0万亩，栽培方式中露地爬地栽培占90%，小拱棚爬地栽培占10%。栽培品种包括中晚熟大果型无籽、早熟中果型及小果型西瓜。

（16）四川西瓜优势产区。

1）德阳市西瓜种植面积约2.5万亩，以露地栽培为主，兼有大棚栽培。

2）资阳市西瓜种植面积6.7万亩，以露地育苗移栽为主，品种包括早熟中果型和小果型西瓜。

3）自贡市西瓜种植面积约6.0万亩，采用大棚栽培、地膜覆盖栽培、地膜小拱棚覆盖栽培三种方式，并逐步形成了大棚西瓜复种反季节小红椒、小拱棚西瓜复种秋虹豆、地膜西瓜套种秋辣椒等栽培模式。品种类型以早熟中果型西瓜为主。

（17）贵州西瓜优势产区。黄平县新州镇西瓜种植面积2.5万亩，栽培方式为露地地膜覆盖栽培，品种类型以无籽西瓜为主，有籽西瓜为辅。

（18）甘肃西瓜优势产区。

1）宁县西瓜种植面积14.6万亩，采用高垄覆膜露地栽培，品种类型以晚熟大果型西瓜为主，兼有少量早熟中果型西瓜。

2）皋兰县西瓜种植面积3.0万亩，主要栽培方式有日光温室、高架大棚、小拱棚及砂田栽培。品种类型包括早熟中果型和大果型西瓜。

（19）内蒙古西瓜优势产区。通辽市奈曼旗西瓜种植面积21万亩，栽培方式以露地栽培为主。品种类型以无籽西瓜为主，搭配种植有籽西瓜。

（20）宁夏西瓜优势产区。

1）中卫市、中宁县、海原县压砂西瓜栽培面积约108万亩，栽培方式包括压砂地、压砂地+覆膜、压砂地+覆膜+小拱棚、压砂地+覆膜+大拱棚。品种类型以晚熟大果型西瓜为主。

2）吴忠市种植西瓜15万亩，栽培方式以露地覆膜+小拱棚或大拱棚栽培为主，品种类型以晚熟大果型西瓜为主。

（21）广西西瓜优势产区。

1）扶绥县西瓜种植面积31万亩。栽培方式：春茬为地膜+小拱棚栽培，秋茬为地膜露地栽培。品种类型以早熟中果型西瓜为主。

2）南宁市江南区西瓜种植面积逾30万亩。栽培方式包括大棚和露地栽培，露地常与糖料蔗套种。种植品种有大型有籽瓜、小型有籽瓜、大型无籽和小型无籽西瓜。

3）崇左市江州区西瓜种植面积10万亩，采取甘蔗、木薯间套种模式，栽培方式采用地膜+小拱棚栽培。品种类型以早熟中果型西瓜为主。

4）梧州市藤县西瓜种植面积6.8万亩，春茬采取地膜+小拱棚双膜覆盖栽培，秋茬采取地膜覆盖露地栽培。品种类型以中晚熟无籽西瓜为主。

5）北海市西瓜种植面积8万亩，主要采用小拱棚栽培。品种类型以中晚熟无籽西瓜和早熟中果型西瓜为主。

（22）江西西瓜优势产区。抚州市临川区西瓜主产面积12万亩，以春季大棚、地膜覆盖、露地栽培为主，品种类型以中晚熟无籽西瓜为主，兼有早熟中果型和小果型西瓜。

2.全国甜瓜主要优势产区

（1）陕西甜瓜优势产区。

1）阎良区甜瓜种植面积约6.0万亩，栽培方式为中大拱棚栽培，茬口为早春茬，播种方式为非嫁接育苗。品种类型主要以光皮厚皮甜瓜类型为主，兼有薄皮甜瓜类型。

2）富平县甜瓜种植面积约3.0万亩，栽培方式为中大拱棚栽培，茬口为早春茬，播种方式为非嫁接育苗。品种类型包括薄厚中间、光皮厚皮甜瓜类型。

3）大荔县甜瓜种植面积约3.0万亩，栽培方式有中大拱棚，茬口为早春茬和秋冬茬。播种方式为非嫁接育苗。品种类型包括薄皮甜瓜、薄厚中间甜瓜、光皮厚皮甜瓜、网纹厚皮甜瓜。

4）蒲城县甜瓜种植面积约2.7万亩，栽培方式有中大拱棚栽培与日光温室栽培，茬口为春夏茬和秋冬茬。播种方式为非嫁接育苗。品种类型包括薄皮甜瓜、薄厚中间甜瓜、光皮厚皮甜瓜、网纹厚皮甜瓜类型。

（2）河北甜瓜优势产区。

1）乐亭县甜瓜设施面积约11万亩，栽培方式有温室、加苫中棚、春大棚甜瓜吊蔓生产。以薄皮甜瓜为主，兼有厚皮甜瓜。

2）滦县甜瓜产区面积约1万亩，栽培方式有大棚、中棚与小拱棚栽培。品种类型主要为厚皮甜瓜。

3）丰南区甜瓜产区面积约0.5万亩，栽培方式有露地、小拱棚与大棚栽培。品种类型主要为薄皮甜瓜。

4）安次区甜瓜种植面积约3.6万亩，栽培方式为温室栽培与大棚栽培。品种类型以厚皮甜瓜为主。

5）固安县甜瓜产区面积约1.2万亩，栽培方式有温室、大棚与中小棚栽培。品种类型有厚皮甜瓜与薄皮甜瓜。

6）广阳区甜瓜产区面积约1万亩，栽培方式有早春日光温室栽培和大冷棚栽培。品种类型主要为厚皮甜瓜。

7）永清县甜瓜产区面积约1万亩，主要栽培方式为大棚和日光温室生产。品种类型以厚皮甜瓜为主。

8）文安县甜瓜种植面积约0.8万亩，栽培方式以地膜覆盖为主，也有小面积的小拱棚栽培与大棚栽培。品种类型以薄皮甜瓜为主。

9）霸州市甜瓜产区面积约0.5万亩，栽培方式为露地栽培或地膜覆盖栽培。品种类型主要为薄皮甜瓜。

10）献县甜瓜产区面积约0.5万亩，栽培方式有温室、大棚甜瓜吊蔓栽培。品种类型以厚皮甜瓜为主。

11）清苑县甜瓜种植面积约1万亩，栽培方式以塑料大棚为主。品种类型主要为厚皮甜瓜和薄皮甜瓜。

12）万全县甜瓜产区面积约1万亩，栽培方式为地膜覆盖双垄与花生套种。品种类型主要为薄皮甜瓜。

13）饶阳县甜瓜产区面积约1.5万亩，栽培方式有日光温室、春大棚甜瓜吊蔓生产。品种类型以厚皮甜瓜为主，辅以少量薄皮甜瓜。

14）武邑县甜瓜产区面积约0.7万亩，栽培方式有地膜栽培与温室栽培，主要品种类型为薄皮甜瓜。

（3）山东甜瓜优势产区。

1）聊城莘县甜瓜产区面积约8万亩。栽培方式主要采用瓜菜、瓜菌轮作和瓜瓜连作3种茬口，形成一年三种三收和四种四收生产模式。品种类型以厚皮甜瓜为主。

2）菏泽市牡丹区甜瓜产区面积约6万亩，栽培方式为大中拱棚栽培与高畦栽培，品种类型以白沙蜜等白皮甜瓜类型为主。

3）金乡县甜瓜产区面积约4万亩，栽培方式有露地栽培和大棚栽培两种，其中露地栽培约1.8万亩，大棚栽培约2.2万亩，以薄皮甜瓜为主，兼有厚皮甜瓜。

4）市中区甜瓜产区面积约3.05万亩，栽培方式为春拱棚薄皮甜瓜与水稻轮作。品种类型以薄皮品种为主。

5）寒亭区甜瓜种植面积约3万亩，栽培方式主要是大拱棚三膜一苫栽培，少部分是日光温室栽培，品种类型以薄皮甜瓜为主。

6）寿光市甜瓜产区种植面积约1万亩。栽培方式采用日光温室栽培和大拱棚栽培。品种类型有厚皮甜瓜和网纹甜瓜。

（4）河南甜瓜优势产区。

1）临颍县甜瓜产区面积约10万亩，栽培方式包括：小麦—甜瓜—棉花（辣椒）一年三熟种植模式，小麦—甜瓜—棉花（辣椒）—玉米一年四熟种植模式。品种类型以薄皮甜瓜为主。

2）西华县甜瓜产区面积约3.5万亩，栽培方式有小麦—甜瓜、洋葱—甜瓜套种与大棚甜瓜栽培，品种类型以薄皮甜瓜为主。

3）滑县甜瓜种植面积约2万亩，栽培方式主要采取大棚吊蔓栽培，一年种植两茬，即早春茬和秋延后茬。品种类型以厚皮甜瓜及网纹甜瓜为主。

4）濮阳县甜瓜种植面积约1万亩，栽培方式主要采取大棚吊蔓栽培，一年种植两茬，即早春茬和秋延后茬。品种类型以网纹甜瓜为主。

5）兰考县甜瓜种植面积约1万亩，栽培方式主要采取大棚吊蔓栽培，一年种植两茬，即早春茬和秋延后茬。品种类型以网纹甜瓜为主。

（5）甘肃甜瓜优势产区。

1）瓜州县甜瓜种植面积约8万亩，栽培方式为垄膜沟灌节水露地栽培。品种类型分为白兰瓜和哈密瓜两大系列。

2）民勤县甜瓜种植面积约4万亩，栽培方式有日光温室育苗小拱棚栽培、小拱棚直播栽培、日光温室育苗地膜覆盖栽培、地膜覆盖栽培、日光温室栽培，但以露地地膜覆盖甜瓜套种向日葵高效栽培为主要模式。品种类型以厚皮甜瓜为主。

3）皋兰县甜瓜种植面积约2万亩，栽培方式有日光温室、高架大棚、小拱棚及砂田栽培。品种类型以厚皮甜瓜为主。

（6）新疆甜瓜优势产区。

1）哈密地区伊吾县早中熟哈密瓜产区面积约2.6万亩，中晚熟哈密瓜产区面积约5万亩，栽培方式为哈密瓜膜下滴灌栽培模式。

2）托克逊县甜瓜产区种植面积约1万亩，栽培方式以露地栽培为主，设施栽培为辅。品种类型以厚皮甜瓜和网纹甜瓜为主。

3）鄯善县哈密瓜种植面积约3.51万亩。栽培方式有3米小拱棚促成栽培、单畦地膜小拱棚促成栽培、地膜栽培、温室栽培。品种类型以厚皮甜瓜和网纹甜瓜为主。

4）吐鲁番市哈密瓜种植面积0.6万亩，栽培方式包括早春小拱棚加地膜沟灌栽培、露地地膜沟灌栽培、春提早和秋延后设施温室栽培。品种类型以厚皮甜瓜和网纹甜瓜为主。

（7）宁夏甜瓜优势产区。

1）中卫市、中宁县、海原县甜瓜种植面积5.4万亩。栽培方式包括：压砂地、压砂地+覆膜、压砂地+覆膜+小拱棚、压砂地+覆膜+大拱棚。品种类型以厚皮甜瓜为主。

2）银川市贺兰县甜瓜产区面积约1.5万亩。栽培方式有露地、二代温室、移动拱棚种植。品种类型以厚皮甜瓜为主。

（8）安徽甜瓜优势产区。巢湖市和县甜瓜种植面积6.8万亩，其中大棚甜瓜种植面积1.4万亩，小拱棚甜瓜种植面积5.4万亩。栽培方式以小拱棚栽培为主，大棚栽培为辅，采用嫁接栽培，品种类型以薄皮甜瓜为主。

（9）东北甜瓜优势产区。主要包括黑龙江、吉林、辽宁、内蒙古东部等地。本栽培区内薄皮甜瓜广泛种植，大多为较粗放的露地栽培。局部地区如大庆、大连市郊区发展了温室、大棚厚皮甜瓜栽培。

（二）西瓜、甜瓜产业发展现状

1. 栽培面积　"十一五"以来，我国西瓜生产的总面积稳中有升，2006年播种面积178.51万公顷，2010年播种面积181.25万公顷，2016年播种面积189.08万公顷。从品种上看，中早熟和小果型西瓜的种植面积大幅增长，特别是小果型西瓜增长速度较快；从生产结构上看，露地栽培面积逐年下降，日光温室栽培面积基本稳定，以塑料大棚、小拱棚为主的保护地生产面积逐年增加。目前全国各省都有了西瓜商品生产，河南、山东、安徽、湖南、江苏、浙江、河北、黑龙江等省份种植面积超过6.67万公顷。

甜瓜生产的总面积逐年增加，2006年播种面积35.26万公顷，2010年播种面积39.33万公顷，2016年播种面积48.19万公顷。从栽培品种上看，薄皮甜瓜的种植面积逐年下降，厚皮甜瓜的种植面积增长速度较快，特别是网纹甜瓜增幅较大；从生产结构上看，露地栽培面积有下降的趋势，以塑料大棚、小拱棚、日光温室为主的保护地生产面积逐年扩大。目前全国各省、市甜瓜生产逐步向园区化发展，出现了一批以甜瓜生产为主的种植专业合作社、家庭农场等新型经营主体，其中新疆、山东、河南、内蒙古、江苏等5个省区种植面积超过2.5万公顷。

2. 栽培模式与品种选择

（1）温室栽培。温室的保温效果好，温室栽培可提前种植、抢早高价上市。河南省温室西瓜、甜瓜育苗期一般为12月下旬至翌年1月上旬，定植期为2月上中旬，4月下旬至5月上旬上市，可收获二茬瓜，甚至三茬瓜。这种栽培方式，以早上市、高价格、高效益为目标。此期气候不稳定，应注重保温，以提高有效积温。该模式适合小果型和耐低温、易坐瓜的中大果型西瓜及耐低温弱光的早熟薄皮或厚皮甜瓜品种（图1-1）。

图 1-1　温室栽培模式

（2）塑料大棚多层覆盖栽培。大棚多层覆盖是指"大棚+二膜+拱棚+地膜"，有的地方还在拱棚上盖草苫，保温效果更好，更有利于提早上市。目前该模式已成为山东、河南、河北、安徽等地春大棚西瓜、甜瓜的主要栽培模式。一般先育苗后定植，整个生育期都处于大棚覆盖条件下，华北、华东地区定植期可提前到2月下旬至3月上旬，收获期可提前到5月上中旬。如精细管理，二茬瓜坐果，长势也很好，6月中旬可收获二茬瓜。该模式适合小果型和早熟中大果型西瓜及薄皮或厚皮甜瓜品种（图1-2）。

图 1-2　塑料大棚栽培模式

（3）小拱棚栽培。小拱棚栽培又称"双膜覆盖"，一般是拱棚加地膜覆盖。多数先育苗后定植，河南中部可于3月中下旬定植，若夜间在棚上覆盖草苫，定植期可提前到3月上旬，一般6月上旬即可上市，因为上市早，还可留二茬瓜，经济效益较高。目前，河南双膜覆盖西瓜栽培技术很成熟，面积较大且效益好。这种栽培方式以追求早熟、售价高为主要目标，同时兼顾二茬瓜产量。一般适合中、大果型西瓜及薄皮甜瓜品种，特殊区域如新疆、甘肃、海南等地也可种植厚皮甜瓜品种（图1-3）。

图1-3 小拱棚栽培模式

（4）地膜覆盖栽培。这是目前我国最普遍的一种种植方式，分为直播种子后盖膜和盖膜后定植提前育成的瓜苗两种方式。目前有的地方采取地膜"先盖天、后盖地"的栽培方式，效果很好。河南、山东地膜覆盖西瓜约在4月中旬断霜后种植，收获期较露地直播的早7～15天，产量可提高30%左右。西瓜一般选中熟或中早熟大果型品种，甜瓜以薄皮甜瓜为主（图1-4）。

图1-4 地膜覆盖栽培模式

（5）露地直播。"清明前后，种瓜点豆"，中原地区清明节过后，基本进入无霜期，气温回升快，露地可直播干籽，或催芽后大芽直播。这种种植方式不求早熟，以高产栽培为主。西瓜一般选中晚熟大果型品种，甜瓜以薄皮甜瓜为主（图1-5）。

图1-5　露地栽培模式

3. 栽培技术　围绕市场多样化需求，今后中、小果型西瓜品种，早熟大果型优质厚皮甜瓜品种，优质薄皮甜瓜品种将在生产中有较快增加。栽培中将逐步建立以安全高效为目标的西瓜、甜瓜规范栽培技术体系，重点是设施栽培技术、无公害病虫害防治技术和平衡营养施肥技术等；在西瓜、甜瓜生产中，制定、推广应用标准化优质高效益生产技术规程也将是一个重要的工程。

随着科技的进步，西瓜、甜瓜栽培技术日益完善。从生产模式方面看，西瓜栽培主要集中在西瓜立体（吊蔓）栽培和一年三种三收的高效集约化间套作栽培模式，并且在间套作高效栽培模式下同时采用立体栽培模式。如：棉花—大豆—蔬菜间套作高效立体栽培技术；幼龄葡萄园套种吊蔓秋西瓜高效栽培新模式；小果型西瓜立架高产栽培技术；北方大棚吊蔓西瓜栽培技术；夏秋季立架栽培小型西瓜高产栽培技术；设施西瓜主吊副爬双蔓整枝高密高效栽培技术；秋延后礼品西瓜立体栽培技术；大棚西瓜—豇豆—芹菜、毛豆—西瓜—秋玉米、大棚萝卜—西瓜—西葫芦、大棚西瓜—结球甘蓝—菜豆、大棚韭菜套作西瓜—夏白菜、日光温室西瓜—大白菜—甘蓝、西瓜—玉米—白菜、西瓜—甘蓝—西葫芦等一年三种三收高效栽培模式。甜瓜栽培主要集中在日光温室、大小拱棚中厚皮甜瓜秋冬茬（秋延迟）、冬春茬（早春）栽培技术，也有部分与草莓、蔬菜、大豆等作物套作栽培技术。具体内容如下：大棚甜瓜秋延迟高效栽培技术；甜瓜大棚双季栽培技术；日光温室秋冬茬甜瓜栽培技术；温室甜瓜冬春茬栽培技术；日光温室厚皮甜瓜秋冬茬栽培技术；设施秋延甜瓜栽培技术；大拱棚早春甜瓜高产栽培技术；大棚春茬无公害厚皮甜瓜高产栽培技术等。

从具体栽培技术措施上看，西瓜、甜瓜高效关键单项栽培技术，如工厂化育苗、水肥一体化、多层覆盖、蜜蜂授粉、果实套袋、简化整枝、测土配方施肥、控释肥的应用、生物反应堆的应用、病虫害绿色防控、小型机械的应用等，相继在生产上被推广应用。其中，一些简约化栽培技术措施因其可将施肥、灌溉及其他田间管理措施相结合，节省人工和生产成本，受到种植户的青睐。目前已建立不同生态地区与栽培方式下西瓜、甜瓜简约化、规模化栽培制度，引进和筛选出适合西瓜、甜瓜简约化栽培的有关设施与设备，但高效规范的简约化栽培技术还很滞后，导致单位劳动力管理面积不大，单一农户种植规模小，机械化程度低，还需进一步加大推广应用力度。

4. 产量与市场销售

（1）西瓜产量与市场销售。随着栽培技术的进步，我国西瓜总产量和单产产品增长较为明显。2016年，全国西瓜总产量为7 940万吨，平均单产产量为2 800千克/亩，较2006年分别增长26.8%和9.6%。西瓜的产量因栽培的品种（大型品种、小型品种）、栽培方式（露地、大棚、温室）、栽培季节的不同而差异非常大，在正常管理的条件下，一般大、中果型西瓜产量在3 000千克/亩以上，如果是多茬次栽培，还可以更高，小果型西瓜产量为2 000～2 500千克/亩。

普通露地种植包括北方和南方的大多数地区，每年6～8月采收；东北、西北地区的露地种植，每年8～9月采收；南方的广东、广西、海南等地的冬春季节种植，每年12月至翌年4月采收；华北、西北、东北的日光温室种植，每年4～6月采收。由于国内西瓜露地生产面积较大，因此7~8月为西瓜的集中上市期。

全国西瓜供需基本平衡，中国进出口贸易量仍将在1%以内，国际市场变化对国内影响不大。进口主要集中在冬、春两季，以满足冬、春季国内供给不足的需求，夏、秋季国内西瓜大量上市，6~11月进口量均为零；进口量较为集中的省（市、区）为北京、山东、广东、辽宁、云南、广西。西瓜出口量较少，主要集中在广东、山东、广西、云南、内蒙古等省区；西瓜市场价格保持季节性波动，地区间价格呈现主产区低于非主产区、中等城市低于大城市、中西部地区低于东部地区的特点。全国范围内，从5月开始，西瓜上市量开始增大，短期内价格回落，但是随着气温的升高，消暑瓜果消费量也会进一步增加；但到7~8月露地西瓜大量上市，供需矛盾增加，西瓜价格跌到低谷，部分产区出现"卖瓜难"的现象。

从长期来看，国内西瓜生产总体保持平稳，随着居民消费结构升级，小果型西瓜、反季节西瓜、各类型功能性西瓜等高端需求不断增大，我国西瓜产业未来总体发展势头良好，带动惠农效益持续增强，剔除季节性波动因素，市场价格整体将保持平稳上升。

（2）甜瓜产量与市场销售。我国各地的甜瓜实际单产水平差别很大，高的可达4 000~5 000千克/亩，低的仅为2 000千克/亩左右。一般北方地区单产比南方地区高，厚皮甜瓜比薄皮甜瓜高，中晚熟品种比早熟品种高，保护地栽培比露地栽培高，灌溉栽培比旱地栽培高，集约化栽培比粗放栽培高。我国中部地区保护地栽培的厚皮甜瓜，由于季节差价大、单价高，因此收益好，在正常情况下，收益为5 000~8 000元/亩，多的可达1.5万元/亩以上，其经济效益比薄皮甜瓜高。哈密瓜是国内外畅销的高档精品瓜，其经济效益为甜瓜生产中最好、最高的，经济效益在1.5万元/亩以上。

目前，国内甜瓜流通市场基本上做到了一年四季均有甜瓜供应。每年5~8月是各地露地甜瓜的上市高峰期，其中，长江中下游地区的薄皮甜瓜最早于6月上市，华北地区和东北地区的薄皮甜瓜分别于6~7月和7~8月陆续上市。西北地区露地栽培的厚皮甜瓜于7~8月陆续上市，而吐鲁番盆地生产的哈密瓜特别早熟，6月即可上市。陕西省西安市阎良区及其周边地区的早春茬设施甜瓜在4月下旬至5月上旬就上市外销了。内蒙古的河套蜜瓜成熟也比较早，北京市场7月就有供应。甘肃的甜瓜在7～8月大量采收外运。陕西省西安市阎良区周围、华北地区和长江中下游地区保护地栽培的早熟厚皮甜瓜类型，5月即大量成熟，早的可提前到4月成熟，个别瓜农采取特早熟栽培措施后，甚至在3月下旬就可以开始少量采收上市以获取高价。东北地区的大棚薄皮甜瓜在5～6月成熟上市。

（三）西瓜、甜瓜产业面临的形势与发展方向

1. 西瓜、甜瓜产业发展面临的形势　"十二五"时期，西瓜、甜瓜产业发展面临许多有利机遇和条件，扶持政策更加有力，有利于调动农民生产积极性。科技支撑继续强化，有利于提高生产科技水平。基础设施装备逐步加强，有利于提升农业综合生产力。体制机制不断完善，有利于形成良好发展环境。在一些省市出现了以西瓜、甜瓜为主导的合作社或企业等新型主体，并产生了如"大兴西瓜""夏邑西瓜""兰考蜜瓜"等地理标注产品，在解决"三农"问题中发挥着重大作用。但也应看到，随着我国工业化、信息化、城镇化、市场化和国际化的快速推进，西瓜、甜瓜产业发展也面临着更加严峻的挑战。

（1）水土资源约束更加明显。随着工业化和城镇化进程的加快，西瓜、甜瓜种植与粮食作物、棉油糖作物、其他园艺作物之间争地的矛盾将长期存在。同时，西瓜、甜瓜产业需水量大，水资源短缺且时空分布不均，在主产区将出现用水矛盾。

（2）极端天气及病虫害影响更加严重。随着全球气候变暖，我国极端天气事件发生频率的增加，对西瓜、甜瓜生产造成的影响明显。冬、春季持续低温阴雨寡照和夏季高温多雨天气，影响西瓜、甜瓜生产，导致"空心瓜""脱水瓜"等事件发生，病虫害为害严重，对西瓜、甜瓜生产构成极大威胁。

（3）产业比较效益下降趋势更加突出。近年来，化肥、农药、农膜等农业生产资料价格呈上涨态势，农业人工费用不断增加，导致农业生产成本逐年提高。从今后的趋势看，农资价格上行压力加大、

生产用工成本上升，西瓜、甜瓜生产正进入一个高成本时代。

（4）农业劳动力结构变化更加紧迫。农村青壮年劳动力大多外出务工，生产一线的瓜农趋于老龄化，生产技术水平仅凭多年生产经验的积累，科技成果转化较慢。西瓜、甜瓜生产劳动生产率不高，产业比较效益下滑，特别是在经济发达的主产区存在许多瓜农转产现象，从业人员队伍不稳定。

（5）质量安全事件等外部因素冲击更加剧烈。西瓜、甜瓜种子质量事件、生瓜上市、膨大剂的不当使用、西瓜"爆裂"事件等质量安全事件的发生，对国内西瓜、甜瓜市场价格产生较大影响，不利于产业健康稳定发展。

2.西瓜、甜瓜产业的发展方向

（1）加快适合简约化栽培新品种的推广与应用。以产学研相结合，提高种业企业西瓜、甜瓜品种选育技术水平，培育一批优质、多抗、抗逆、多类型、商品性高、适合简约化栽培的西瓜、甜瓜优良品种。建立国家西瓜、甜瓜品种标准样品库与核酸指纹库，为品种保护与维权以及新《种子法》品种登记制度的实施奠定基础。

（2）开展集约化育苗。在西瓜、甜瓜优势区和大中城市郊区，大力加强集约化育苗示范场建设，改善设施条件，规范操作技术，推动西瓜、甜瓜育苗向专业化、商品化、产业化方向发展。主要建设育苗日光温室（北方）、钢架大棚（南方）、防寒保温、配套遮阳降温、通风换气、水肥一体、育苗床架、基质装盘、播种、催芽等设施设备，重点推广适合西瓜、甜瓜砧木品种以及健康种苗生产技术，将与育苗相关的种子处理、嫁接育苗、育苗环境控制、病虫害控制等生产工艺进行集成组装，制定育苗技术标准，实现西瓜、甜瓜种苗的集约化安全生产，为西瓜、甜瓜生产提供优质健康种苗。

（3）推广简约化栽培。加强简约化栽培技术的集成及推广应用。对耕作、播种、育苗、覆盖、除草、整蔓、灌溉、施肥、授粉、采收等西瓜、甜瓜生产的主要环节进行轻简化组装、集成与应用，提高西瓜、甜瓜生产规模效益和生产效益。

（4）加强病虫害防治。针对常发性病虫害，推广实施适合各个主产区特点的高效、安全防控技术体系。监控重要病虫害的发生为害情况与病虫害发生规律。制定病虫害防控技术体系，建立种子健康生产技术规程，推进生物防治等非化学防治技术在害虫综合防控体系中的应用。

（5）加强保鲜物流和采后加工处理建设。加强改善贮藏、保鲜、烘干、清选分级、包装等设施装备条件，提高优势产区西瓜、甜瓜预冷等商品化处理能力，稳定商品质量，减少损耗。推进"农超对接""农批对接"和订单生产及电子商务交易，降低西瓜、甜瓜流通成本。推广西瓜、甜瓜成熟度检测技术，预冷与冷链流通保鲜技术，鲜切加工技术、西瓜、甜瓜汁饮料加工技术，推动贮运加工企业建立西瓜、甜瓜加工产品生产线，实现产业链条延伸和产业化发展。

二、 优良品种

（一）西瓜

1. 小果型西瓜

（1）斯维特：河南省农业科学院园艺研究所选育（图2-1）。

特征特性：全生育期80～85天，果实发育期26天左右。植株生长势强，果实椭圆形，底色绿，上覆锯齿状窄条带，外形美观。早熟性好，较耐裂果，易坐瓜，单瓜重2～3千克，亩产2 500～3 000千克。果肉红色，肉质脆嫩，口感好，中心可溶性固形物含量高，最高可达13%以上，心边梯度小。

适应地区：适宜早春大棚或日光温室栽培。

图2-1 斯维特

（2）黄蜜隆：河南省农业科学院园艺研究所选育。登记编号：GPD西瓜（2019）410234（图2-2）。

特征特性：全生育期88天左右，果实发育期29天左右。植株生长势中等，分枝性中等，叶色浓绿，缺刻深，易坐果。第一雌花出现在第6～8节，雌花间隔5～6节。果实高圆形，纵径16.2厘米，横径14.2厘米，果形指数1.1～1.2，青网纹，果肉黄色，肉质硬脆。最大单瓜重

2.1千克，亩产2 500~3 000千克。

适应地区：适宜早春大棚或日光温室栽培。

（3）金冠隆：河南省农业科学院园艺研究所选育（图2-3）。

特征特性：全生育期88天左右，果实发育期28天左右。植株生长势中等，分枝性中等，叶色浓绿，叶柄、叶脉金黄色，易坐果。第一雌花出现在第5~7节，雌花间隔4~5节。果实圆形，纵径13.0厘米，横径13.2厘米，果形指数0.9~1.1，果皮黄色覆深黄色条带，果肉红色。最大单瓜重1.7千克。

图2-2 黄蜜隆

适应地区：适宜早春大棚或日光温室栽培。

图2-3 金冠隆

（4）京颖：北京市农林科学院蔬菜研究中心、北京京研益农科技发展中心、北京京域威尔农业科技有限公司共同选育。登记编号：GPD西瓜（2018）110378（图2-4）。

特征特性： 全生育期90天左右，果实发育期32.7天。植株生长势中等，第一雌花平均节位第7.7节。单瓜重量1.62千克，果实椭圆形，果形指数1.22，果皮绿色，覆细齿条，蜡粉轻，皮厚0.6厘米，较脆。果肉红色，中心折光糖含量12.0%，边糖含量9.4%。

适应地区： 适宜早春大棚或日光温室栽培。

（5）菊城红玲：开封市农林科学研究院选育。2018年2月22日通过

图2-4　京颖

农业部非主要农作物品种登记，登记编号：GPD西瓜（2018）410186（图2-5）。

特征特性： 全生育期80天左右，果实发育期25天左右，平均坐果节位第6节，雌花间隔6节。最大单瓜重4.25千克，平均单瓜重3.21千克。果实椭圆形，果形指数1.15。果皮绿色覆深绿色细齿条，果皮厚0.7厘米，果皮韧。果实表面有蜡粉。果肉粉红色，肉质脆沙，无空心，中心可溶性固形物含量13.2%，边部

图2-5　菊城红玲

可溶性固形物含量8.7%。平均亩产3 100千克。

适应地区： 河南省早熟栽培种植，较适宜大棚、温室等栽培。

（6）菊城惠玲：开封市农林科学研究院、河南省农业科学院园艺研究所共同选育（图2-6）。

特征特性： 全生育期86天左右，果实发育期25天左右。植株生长势中等，分枝性中等，叶色浓绿，缺刻深，易坐果。第一雌花出现

在第6~8节，雌花间隔5~6节。果实高圆形，纵径16.2厘米左右，横径14.2厘米左右，果形指数1.1~1.2，绿墨色齿条，果肉红色，肉质硬脆。最大单瓜重2.1千克，亩产3 100千克左右。

适应地区：河南省早熟栽培种植，较适宜大棚、温室等栽培。

图2-6　菊城惠玲

2. 早熟西瓜

（1）天骄：河南省农业科学院园艺研究所选育。2018年11月29日通过农业部非主要农作物品种登记，登记编号：GPD西瓜（2018）411089（图2-7）。

特征特性：全生育期约94天，果实发育期28天。植株长势旺，根系发达，分枝性中等，节间中长，易坐果；主蔓长310厘米，茎粗0.9厘米；叶色绿，掌状深裂，第一雌花节位第6节，雌花间隔6节；果实圆形，果形指数1.0，果皮浅绿色底，上覆墨绿色条带，果皮厚1.0厘米，单瓜

图2-7　天骄

重5~6千克；果肉大红色，质脆多汁。种子卵圆形，褐色，千粒重57克。

适应地区：适合大小拱棚、温室保护地栽培。

（2）天骄3号：河南省农业科学院园艺研究所选育。2018年9月17日通过农业部非主要农作物品种登记，登记编号：GPD西瓜（2018）410759（图2-8）。

特征特性：全生育期97天，果实发育期28天左右，第一雌花节位第7节，雌花间隔7节。植株生长健壮，易坐果。果实圆形，纵径23.5厘米，横径22.5厘米，果形指数1.0。果实花皮，果皮厚1.0厘米，果皮脆，果皮深绿色覆窄墨绿色条带，较耐贮运。果肉红色，肉质脆，无空心，最大单瓜重7.5千克，平均单瓜重5.2千克。种子卵圆形，褐色，千粒重约55克。

适应地区：适合大小拱棚、温室保护地栽培。

图2-8　天骄3号

（3）早佳（84-24）：新疆农业科学院园艺作物研究所、新疆维吾尔自治区葡萄瓜果研究所选育。登记编号：GPD西瓜（2018）650162（图2-9）。

特征特性：全生育期80~90天，单瓜发育期35天左右。果实高圆形，有果粉，皮较薄、脆，单瓜重3.0~4.0千克，在土壤肥力好的土壤上种植，单瓜重可达到5.0~8.0千克。果肉深粉红色，质地酥脆爽口，入口即化，品质优，口感佳。中心可溶性固形物12.0%。中抗枯萎病，较耐弱光。

适应地区：适合大小拱棚栽培。

（4）开优红秀：开封市农林科学研究院选育。2018年2月22日通过农业部非主要农作物品种登记，登记编号：GPD西瓜（2018）410184（图2-10）。

特征特性：属早熟品种，该品种全生育期96天左右，果实发育期28天左右。第一雌花节位第6节，雌花间隔8节。较易坐果，长势中

图2-9 早佳（84-24）

等。果实圆形，纵径16.3厘米，横径16.1厘米，果皮厚1.0厘米。绿皮覆墨绿色狭齿带，果肉红色，肉质脆。果实耐贮运性中等。中心可溶性固形物含量11.8%，单瓜重可达到5.2~8.0千克，边部可溶性固形物含量8.3%。折合亩产量4 600千克。

适应地区：河南省早熟栽培种植，较适宜中棚、小拱棚、地膜等

图2-10 开优红秀

栽培。

（5）开美一号：开封市农林科学研究院选育。2018年2月22日通过农业部非主要农作物品种登记，登记编号：GPD西瓜（2018）410185（图2-11）。

特征特性：属早熟品种，该品种全生育期98天左右，果实发育期28天左右。第一雌花节位第6节，雌花间隔6节。较易坐果，长势中等。果实圆形，纵径18.3厘米，横径18.1厘米，果皮厚度1.0厘米。绿皮覆墨绿色齿带，果肉红色，肉质脆。果实耐贮运性中等。中心可溶性固形物含量12.2%，单瓜重可达到5.0~8.0千克，边部可溶性固形物含量8.1%。折合亩产量4 600千克。

适应地区：河南省早熟栽培种植，较适宜中棚、小拱棚、地膜等栽培。

图2-11　开美一号

（6）菊城20早：开封市农林科学研究院选育。2018年3月2日通过农业部非主要农作物品种登记，登记编号：GPD西瓜（2018）410249（图2-12）。

特征特性：该品种属早熟品种，全生育期96天，果实发育期28

天。第一雌花位于主蔓第7节，间隔6节；长势稳健，分枝性中等；果实圆形，果形指数1.1。果皮绿色上覆墨绿色锯齿条，表面光滑，外形美观，皮厚1.1厘米。瓤色大红，瓤质脆，纤维少；平均单瓜重4~5千克。中心可溶性固形物含量11.2%，边部可溶性固形物含量8.8%。平均亩产3 800千克。

适应地区： 河南省西瓜产区早熟栽培。

图2-12　菊城20早

（7）开抗早梦龙：开封市农林科学研究院选育。2018年2月22日通过农业部非主要农作物品种登记，登记编号：GPD西瓜（2018）410180（图2-13）。

特征特性： 全生育期96天，果实发育期28天。长势稳健，分枝性中等；第一雌花位于主蔓第7节，雌花间隔7节；果实椭圆形，果形指数1.27，果皮绿色上覆墨绿色锯齿条，表面光滑，皮厚1.0厘米；瓤色大红，瓤质脆，纤维少；平均单瓜重4~5千克。中心可溶性固形物含量11%，边部可溶性固形物含量8.5%。平均亩产3 500千克。

适应地区： 河南省西瓜产区早熟栽培。

图 2-13　开抗早梦龙

（8）开抗早花红：开封市农林科学研究院选育。2017年12月10日通过农业部非主要农作物品种登记，登记编号：GPD西瓜（2017）410205（图2-14）。

特征特性：全生育期96天，果实发育期28天。长势稳健，分枝性中等；第一雌花位于主蔓第7节，雌花间隔6节；果实椭圆形，果形指数1.39，果皮绿色上覆墨绿色锯齿条，表面光滑，皮厚1.0厘米；瓤色大红，瓤质脆，纤维少；平均单瓜重4~5千克。中心可溶性固形物含量10.8%，边部可溶性固形物含量8.6%。平均亩产3 500千克。

适应地区：河南省早熟栽培种植，适宜中棚、小拱棚、地膜等栽培。

图 2-14　开抗早花红

（9）开优绿宝：开封市农林科学研究院选育。2018年12月26日通过农业部非主要农作物品种登记，登记编号：GPD西瓜（2018）411155（图2-15）。

特征特性： 全生育期95天，果实发育期28天。第一雌花位于主茎第5～8节，间隔6节。田间植株表现为易坐果，最大单瓜重5.0～7.0千克。果实椭圆形，果皮绿色覆绿色网条，果皮硬，耐贮运。果肉红色，肉质松脆，无空心，果皮厚1.3厘米。

适应地区： 河南省早熟栽培种植，较适宜中棚、小拱棚、地膜等栽培。

图2-15　开优绿宝

（10）菊城绿之美：开封市农林科学研究院选育。2018年2月22日通过农业部非主要农作物品种登记，登记编号：GPD西瓜（2018）410182（图2-16）。

特征特性： 全生育期97天左右，果实发育期29天左右，第一雌花位于主蔓第7～8节，雌花间隔7节。易坐果。纵径24.7厘米，横径17.7

厘米，皮厚1.1厘米，果形指数1.39，果实椭圆形。果皮青绿色有细网纹，表面光滑，外形美观，瓤色大红，瓤质脆，纤维少，口感好。中心可溶性固形物含量11.9%，边部可溶性固形物含量8.8%。平均单瓜重6~7千克，一般亩产4 000千克。

适应地区：河南省西瓜产区栽培。

图2-16　菊城绿之美

3. 中晚熟西瓜

（1）玉宝：河南省农业科学院园艺研究所选育。2018年9月17日通过农业部非主要农作物品种登记，登记编号：GPD西瓜（2018）410760（图2-17）。

特征特性：属中晚熟品种，全生育期105天，果实发育期32天，第一雌花节位第7节，雌花间隔7节。植株生长健壮，易坐果。果实椭圆形，纵径25.3厘米，横径17.5厘米，果形指数1.35。果实青皮，果面光滑。最大单瓜重8.4千克，平均单瓜重5.6千克，果皮厚1.2厘米，较耐贮运，果肉大红色，质脆多汁。

适应地区：适合河南省露地、小拱棚西瓜生产栽培。

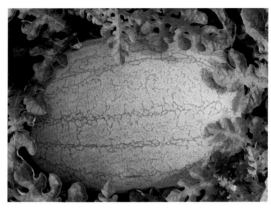

图2-17 玉宝

（2）圣达尔：河南省农业科学院园艺研究所选育。2017年9月11日通过农业部非主要农作物品种登记，登记编号：GPD西瓜（2017）410125（图2-18）。

特征特性：属中晚熟品种，全生育期108天左右，果实发育期33~38天，第一雌花节位第6~7节，雌花间隔7节。植株分枝性中等偏强。果实椭圆形，果形指数1.3，果皮黑色，果面光滑，皮厚1.3厘米，果皮硬，较耐贮

图2-18 圣达尔

运，果肉红色，肉质脆沙，平均单瓜重约6.2千克，果实中心可溶性固形物含量11.83%。

适应地区：适合春季露地或间作套种栽培。

（3）凯旋：河南省农业科学院园艺研究所选育。2017年11月28日通过农业部非主要农作物品种登记，登记编号：GPD西瓜（2017）410124（图2-19）。

特征特性： 属中晚熟品种，全生育期105天左右，果实发育期33天左右，第一雌花节位第8节，雌花间隔6～7节。植株分枝性中等偏强；果实椭圆形，果形指数1.43，果皮浅绿色底覆墨绿色条带，果面光滑，单瓜重7.5千克左右，中心可溶性固形物含量12.44%，果皮厚1.1厘米，韧性大，耐贮运，果肉大红色。

适应地区： 适宜河南省、广西壮族自治区春季露地、小拱棚种植。

图2-19　凯旋

（4）凯旋2号：河南省农业科学院园艺研究所选育。2018年9月17日通过农业部非主要农作物品种登记，登记编号：GPD西瓜（2018）410761（图2-20）。

特征特性： 属中晚熟品种，全生育期103～105天，果实发育期31天。植株长势稳健，分枝性中等；主蔓长340厘米，主茎粗0.8厘米，第一雌花着生节位第8节，雌花间隔7节，果实椭圆形，果形指数1.35，果皮绿色上覆墨绿色锯齿条，表面光滑，皮厚1.3厘米，平均单瓜重5～6千克，瓤色大红，口感好；种子褐色，千粒重93克。

适应地区： 适宜河南省早春设施栽培及露地栽培。

图2-20　凯旋2号

（5）凯旋6号：河南省农业科学院园艺研究所选育。2018年9月17日通过农业部非主要农作物品种登记，登记编号：GPD西瓜（2018）410839（图2-21）。

特征特性：属中晚熟品种，全生育期103～105天，果实发育期约32天，第一雌花节位第6节，雌花间隔7节。植株生长健壮，分枝性强、易坐果。果实椭圆形，果皮墨绿色覆黑色条带，皮厚1.1厘米，果皮硬、耐贮运。单瓜重8～10千克，亩产可达5 000千克以上。果肉红色、肉质脆。种子卵圆形，千粒重约59克。

适应地区：适宜河南省早春设施栽培及露地栽培。

图2-21　凯旋6号

（6）开抗三号：开封市农林科学研究院选育。2017年2月22日通过农业部非主要农作物品种登记，登记编号：GPD西瓜（2018）410181（图2-22）。

图2-22　开抗三号

特征特性：全生育期104天，果实发育期32天。第一雌花着生节位第8节，雌花间隔7节。植株长势稳健，分枝性强。果实椭圆形，果形指数1.30，果皮韧，耐贮运。果皮灰绿色覆隐锯齿条带，平均单瓜重6千克，皮厚1.2厘米；果肉红色，质脆多汁；中心可溶性固形物含量11.6%，平均亩产4 500千克。

适应地区：河南省西瓜产区栽培。

（7）开抗久优：开封市农林科学研究院选育。2018年2月22日通过农业部非主要农作物品种登记，登记编号：GPD西瓜（2018）410183（图2-23）。

特征特性：全生育期100天左右，果实发育期32天，植株长势稳健，分枝性中等。第一雌花位于主蔓第6节，间隔8节。果实椭圆形，果形指数1.30，果皮绿色覆墨绿色锯齿条，表面光滑，外形美观，皮厚1.1厘米。瓤色红，酥脆多汁，纤维少，口感风味好。中心可溶性固形物含量11.6%，边部可溶性固形物含量8.6%。平均单瓜重7～8千克，平均亩产5 000千克。

适应地区：适宜河南省西瓜产区栽培。

（8）菊城龙旋风：开封市农林科学研究院选育。2018年1月11日通过农业部

图2-23　开抗久优

非主要农作物品种登记，登记编号：GPD西瓜（2018）410011（图2-24）。

特征特性：全生育期100天，果实发育期30天。第一雌花节位第8节，雌花间隔7节，植株长势稳健，分枝性强。果实椭圆形，果形指数1.30，果皮韧，耐贮运。果皮灰绿色覆隐锯齿条带，平均单瓜重7～8千克，皮厚1.12厘米；果肉红色，质脆多汁；中心可溶性固形物含量12.1%，平均亩产4 500千克。

图2-24 菊城龙旋风

适应地区：适宜河南省西瓜产区栽培。

（二）甜瓜

1. 厚皮甜瓜

（1）将军玉：河南省农业科学院园艺研究所选育。2018年4月11日通过农业部非主要农作物品种登记，登记编号：GPD甜瓜（2018）410208（图2-25）。

特征特性：属早熟厚皮甜瓜杂交种。全生育期103～108天，植株长势强，易坐果，果实发育期30～35天，果实圆形，外果皮白色，成熟后果面乳白不变色，外观漂亮，不落蒂；果肉白色，种腔小，果肉厚3.5～4.5厘米，中心可溶性固形物含量16.0%～20.0%，肉质软香可口，品质优良，平均单瓜重1.5～2.5千克，丰产性好；果实成熟后不落蒂，商品性好，耐贮运。

图2-25 将军玉

适应地区：适宜河南省温室、大棚等保护地栽培。

（2）钱隆蜜：河南省农业科学院园艺研究所选育。2018年4月11日通过农业部非主要农作物品种登记，登记编号：GPD甜瓜（2018）410109（图2-26）。

特征特性：属早熟厚皮甜瓜杂交种，全生育期105天左右，果实发育期28～32天；果实短椭圆形，果皮白色，果实转色、糖分积累快，外观漂亮；果个儿中等偏小，平均单瓜重0.55～1.65千克；果肉厚2.5～3.2厘米，果肉白色，中心可溶性固形物含量高达16.0%～18.0%，品质优良；果实成熟后不落蒂、不变色，商品性好，耐贮运。

图2-26　钱隆蜜

适应地区：适宜河南省温室、大棚等保护地栽培。

（3）锦绣脆玉：河南省农业科学院园艺研究所和开封市农林科学研究院共同选育。2019年10月13日通过农业部非主要农作物品种登记，登记编号：GPD甜瓜（2019）410044（图2-27）。

特征特性：属早熟厚皮甜瓜杂交种，全生育期104天左右，果实发育期28～33天，早熟性好；果实椭圆形，果皮白色，果面起棱，外观漂亮；果个儿中等，平均单瓜重1.45～1.85千克；果肉厚3.5～3.8厘米，果肉浅橙色，中心可溶性固形

图2-27　锦绣脆玉

物含量16.5%左右，肉质细脆，品质优良；果实成熟后不落蒂，商品性好，耐贮运。

适应地区：适宜河南省温室、大棚等保护地栽培。

（4）玉锦脆：河南省农业科学院园艺研究所选育。2019年4月12日通过农业部非主要农作物品种登记，登记编号：GPD甜瓜（2019）410043（图2-28）。

特征特性：属厚皮甜瓜新品种，全生育期103天左右，果实发育期27～32天，早熟性好；果实椭圆形，果皮白色，成熟后果皮外面覆黄色果晕，果晕颜色随着果实成熟度的增加而加重，果个儿中等，平均单瓜重1.1～1.5千克；果肉厚2.8～3.5厘米，中心可溶性固形物含量16.5%以上，果肉白色，肉质细腻酥脆，口感好；果实成熟后不落蒂，商品性好，耐贮运。

图2-28　玉锦脆

适应地区：适宜河南省温室、大棚等保护地栽培。

（5）玉锦脆8号：河南省农业科学院园艺研究所选育。2019年4月12日通过农业部非主要农作物品种登记，登记编号：GPD甜瓜（2018）410043（图2-29）。

特征特性：属厚皮甜瓜新品种，全生育期104天左右，果实发育期28～32天，早熟性好；果实椭圆形，果皮白色，成熟后果皮外面覆黄色果晕；果个儿中

图2-29　玉锦脆8号

等，平均单瓜重1.2~1.6千克；果肉厚2.7~3.6厘米，中心可溶性固形物含量17.0%左右，果肉白色，肉质细腻酥脆，口感好；果实成熟后不落蒂，商品性好，耐贮运。

适应地区：适宜河南省温室、大棚等保护地栽培。

（6）瑞雪19：河南省农业科学院园艺研究所选育。2019年4月12日通过农业部非主要农作物品种登记，登记编号：GPD甜瓜（2019）410226（图2-30）。

特征特性：属早熟厚皮甜瓜新品种，果实发育期30~35天；果实椭圆形，果皮白色，外观漂亮；果个儿大，膨瓜速度快，平均单瓜重1.0~2.1千克，丰产性好；果肉厚3.3~4.3厘米，果肉白色，中心可溶性固形物含量16.5%左右，肉质细软，品质优良；果实充分成熟后不落蒂，商品性好，耐贮运。

图2-30　瑞雪19

适应地区：适宜河南省温室、大棚等保护地栽培。

（7）雪彤6号：河南省农业科学院园艺研究所选育。2019年4月12日通过农业部非主要农作物品种登记，登记编号：GPD甜瓜（2019）410043（图2-31）。

特征特性：属厚皮甜瓜新品种，全生育期105天左右，果实发育期28~34天；果实高圆形，果皮白色，果面光滑，外观漂亮；果个儿中等，平均单瓜重1.50~1.85千克；果肉厚

图2-31　雪彤6号

3.4～3.7厘米，果肉浅橙色，中心可溶性固形物含量16.2%左右，肉质细腻多汁，品质优良；果实成熟后不落蒂，商品性好，耐贮运。

适应地区：适宜河南省温室、大棚等保护地栽培。

（8）雪彤8号：河南省农业科学院园艺研究所选育。2019年4月12日通过农业部非主要农作物品种登记，登记编号：GPD甜瓜（2019）410043（图2-32）。

特征特性：属厚皮甜瓜新品种，全生育期104天左右，果实发育期28～35天；果实高圆形，果皮白色；果个儿中等，平均单瓜重1.60～1.85千克；果肉厚3.4～3.8厘米，果肉浅橙色，中心可溶性固形物含量16.5%以上，肉质细脆，品质优良；果实成熟后不落蒂，商品性好，耐贮运。

图2-32 雪彤8号

适应地区：适宜河南省温室、大棚等保护地栽培。

（9）金香玉：开封市农林科学研究院选育。2018年3月2日通过农业部非主要农作物品种登记，登记编号：GPD甜瓜（2018）410118（图2-33）。

特征特性：属中晚熟厚皮甜瓜品种，全生育期105天左右，果实发育期45天左右，果实短椭圆形，果皮金黄色，平均单瓜重1.5～2千克，果肉橘红色，脆甜可口，香味浓郁。肉厚3～3.5厘米，中心可溶性固形物含量16.5%，边部可溶性固形

图2-33 金香玉

物含量12.6%，平均亩产3 000千克。脆甜可口，香味浓郁。

适应地区：适宜河南省春、秋季设施栽培。

（10）开甜九号：开封市农林科学研究院选育。2018年3月2日通过农业部非主要农作物品种登记，登记编号：GPD甜瓜（2018）410119（图2-34）。

特征特性：属中晚熟厚皮甜瓜品种，全生育期110天左右，果实发育期45天左右，果实高圆形，果皮白色，光皮，平均单瓜重1.5～2千克，果肉橘红色，松脆爽口，肉厚3～3.5厘米，中心可溶性固形物含量15.8%，边部可溶性固形物含量12.5%。平均亩产3 000千克。

图2-34　开甜九号

适应地区：适宜河南省春、秋季设施栽培。

（11）开甜五号：开封市农林科学研究院选育。2018年3月2日通过农业部非主要农作物品种登记，登记编号：GPD甜瓜（2018）410120（图2-35）。

特征特性：属中晚熟厚皮甜瓜品种，全生育期110天左右，果实发育期45天左右，果实高圆形，果皮金黄色，光皮，平均单瓜重1.5～2千克，果肉橘红色，绵软多汁，蜜甜

图2-35　开甜五号

可口。肉厚3~3.5厘米，中心可溶性固形物含量15.8%，边部可溶性固形物含量12.6%。平均亩产2 800千克。

适应地区：适宜河南省春、秋季设施栽培。

2. 网纹甜瓜

（1）众云18：河南省农业科学院园艺研究所选育。2017年11月28日通过农业部非主要农作物品种登记，登记编号：GPD甜瓜（2017）410038（图2-36）。

图2-36　众云18

特征特性：属中熟网纹甜瓜杂交种，全生育期110天左右，果实发育期40天左右。植株较为紧凑，生长势中等，易坐果。果实椭圆形，果皮浅绿色底，表面覆均匀密网纹，外观好。果肉橘红色，肉厚约3.6厘米，肉质松脆爽口，口感极好，香味浓郁，具哈密瓜风味，果实成熟后不落蒂。单株单果，单果重2.0千克左右，单株双果，单瓜重1.2千克左右，每亩产量3 500~4 400千克，中心可溶性固形物含量17%左右。抗逆性强，耐贮运，货架期长。

适应地区：适宜河南省温室、大棚等保护地栽培。

（2）众云20：河南省农业科学院园艺研究所选育。登记编号：GPD甜瓜（2019）410226（图2-37）。

图2-37　众云20

特征特性：属中熟网纹甜瓜杂交品种，全生育期115~120天，果实成熟期35~40天。植株株型紧凑，综合抗性好，易坐果，果实椭圆形，果皮浅绿色底，表面覆均匀密网纹。果肉橙红色，肉厚3.6～4.5厘米，肉质松脆爽口，口感好，香味浓郁。单株单果平均果重1.57～2.0千克；单株双果平均果重1.2千克左右，亩产3 500～4 400千克，果实可溶性固形物含量16.0%～20.0%，综合抗性强，丰产、稳产性好，耐贮运。

适应地区：适宜河南省春、秋季保护地栽培。

（3）众云22：河南省农业科学院园艺研究所选育。2019年4月12日通过农业部非主要农作物品种登记，登编记号：GPD甜瓜（2019）410042（图2-38）。

特征特性：属中熟网纹甜瓜杂交种，全生育期112天左右，果实发育期36～45天，果实圆球形，果皮灰绿色，网纹细密全，肉厚腔小，果肉橙红色，果实糖分积累快；果个儿中等偏小，平均单果重0.6～0.8千克；果肉厚2.5～3.2厘米，品质优良，果肉脆甜；果实成熟后不落蒂、不变色，商品性好，耐贮运。

适应地区：适宜河南省春、秋季保护地栽培。

（4）兴隆蜜1号：河南省农业科学院园艺研究所选育（图2-39）。

特征特性：属中熟网纹甜瓜杂交种，全生育期112天左右，果实发育期36～45天，果实圆球形，果皮墨绿色，网纹细密全，肉厚腔小，果肉绿色，果实糖分积累快；平均单瓜重1.65～2.0千克；果肉厚3.5～4.0厘米，品质优良，果肉细软；果实成熟后不落蒂、不变色，商品性好，耐贮运。

适应地区：适宜河南省春、秋季

图2-38　众云22

图2-39　兴隆蜜1号

保护地栽培。

（5）开蜜典雅：开封市农林科学研究院选育。2018年3月2日通过农业部非主要农作物品种登记，登记编号：GPD甜瓜（2018）410116（图2-40）。

特征特性：属中晚熟厚皮甜瓜品种，全生育期110天左右，果实发育期50天左右，果实椭圆形，黄绿皮，稀网纹，平均单瓜重2～3千克，果肉橘红色，肉厚4～5厘米，脆甜可口。中心可溶性固形物含量15.8%，边部可溶性固形物含量12.3%。平均亩产2 900千克。

图2-40 开蜜典雅

适应地区：适宜河南省春、秋季设施栽培。

（6）开蜜秀雅：开封市农林科学研究院选育。2018年3月2日通过农业部非主要农作物品种登记，登记编号：GPD甜瓜（2018）410117（图2-41）。

特征特性：属中晚熟厚皮甜瓜品种，全生育期115天左右，果实发育期50天左右，果实椭圆形，果皮灰白绿色，稀网纹，平均单瓜重2～3千克，果肉橘红色，肉厚4～5厘米，中心可溶性固形物含量15.6%，边部可溶性固形物含量11.5%，平均亩产3 200千克。

适应地区：适宜河南省春、秋季设施栽培。

图2-41 开蜜秀雅

（7）开蜜优雅：开封市农林科学研究院选育。2018年3月2日通过农业部非主要农作物品种登记，登记编号：GPD甜瓜（2018）410115（图2-42）。

特征特性：属晚熟厚皮甜瓜品种。全生育期110天左右，果实发育期50天左右，果皮灰绿色，网纹立体感较强，果实高圆形，单瓜重2~3千克，脆甜可口，肉厚4~5厘米，中心可溶性固形物含量16.6%，边部可溶性固形物含量14.6%。平均亩产2 800千克。

图2-42 开蜜优雅

适应地区：适宜河南省春、秋季设施种植。

3.薄皮甜瓜

（1）珍甜18：河南省农业科学院园艺研究所、开封市农林科学研究院选育（图2-43）。

特征特性：属薄皮型甜瓜杂交种。全生育期86天左右，果实发育期22~25天，长势强，早熟性好；果实梨形，果皮纯白色，果肉白色，中心可溶性固形物含量15.0%以上，平均单瓜重0.40千克。果肉厚2.1厘米，果肉脆甜。

图2-43 珍甜18

适应地区：适宜河南省各地春季保护地或露地栽培。

（2）珍甜20：河南省农业科学院园艺研究所选育。2019年4月12日通过农业部非主要农作物品种登记，登记编号：GPD甜瓜（2019）410043（图2-44）。

特征特性：属薄皮型甜瓜杂交种。全生育期90天左右，果实发育期25~28天，长势强，早熟性好；果实梨形，果皮纯白色，完全成熟后有黄晕，果肉白色，果肉厚2.2厘米，中心可溶性固形物含量16.0%以上，果肉脆甜，品质好，平均单瓜重0.45千克。

适应地区：适宜河南各地春季保护地或露地栽培。

（3）翠玉6号：河南省农业科学院园艺研究所选育。2019年4月12日通过农业部非主要农作物品种登记，登记编号：GPD甜瓜（2019）410043（图2-45）。

特征特性：属薄皮甜瓜杂交种。早春栽培生育期平均110天，露地栽培生育期平均70天，坐瓜后25～28天成熟。植株长势中等，叶片深绿色，果实梨形，绿皮绿肉，中心可溶性固形物含量15.0%以上，果肉酥脆爽口，有清香味，平均单瓜重0.5千克。

适应地区：适宜河南省露地栽培或早春保护地栽培。

（4）酥蜜1号：河南省农业科学院园艺研究所选育（图2-46）。

图2-44　珍甜20

图2-45　翠玉6号

特征特性：属薄皮甜瓜杂交种。早春保护地栽培生育期105天左右，露地栽培生育期72天左右，果实发育期25～30天。植株长势中等，叶片深绿色，果实长棒形，深绿色皮覆白色斑条；中心可溶性固形物含量15.0%以上，果肉绿色，肉质酥脆爽口，有清香味，平均单瓜重0.5千克，坐果性极好，丰产稳产性好。

适应地区：适宜河南省露地栽培或早春保护地栽培。

图 2-46 酥蜜 1 号

（5）菊城翡翠：开封市农林科学研究院选育。2018年3月2日通过农业部非主要农作物品种登记，登记编号：GPD甜瓜（2018）410113（图2-47）。

特征特性： 属纯薄皮甜瓜品种，全生育期85天左右，果实发育期28天左右，长势稳健，易坐果，果实苹果形，果皮深绿色，果肉绿色，肉厚2.0厘米，口感酥脆，果实成熟后不落蒂，平均单瓜重0.3～0.5千克，中心可溶性果形物含量17.1%，边

图 2-47 菊城翡翠

部可溶性固形物含量12.3%左右。平均亩产2 400千克。

适应地区： 适宜河南各地春、秋季保护地或露地栽培。

（6）开甜20：开封市农林科学研究院选育。2018年3月2日通过农业部非主要农作物品种登记，登记编号：GPD甜瓜（2018）410114（图2-48）。

图2-48　开甜20

特征特性：属纯薄皮甜瓜品种，全生育期85天左右，果实发育期28天左右，长势稳健，易坐果，果实苹果形，果皮白色，熟后稍带黄晕，果肉白色，肉厚2.0厘米，口感酥脆，果实成熟后不落蒂，单瓜重0.3～0.5千克，中心可溶性果形物含量16%左右，边部可溶性固形物含量12%左右。平均亩产2 700千克。

适应地区：适合河南省春、秋季露地及设施栽培。

三、提质增效关键技术

（一）种子消毒技术

种子是传播病害的主要载体之一，多种病害都可通过种子带菌进行传播。随着西瓜种子行业日益兴起，种子消毒不严格及检验不规范，致使种传病害日益严重，如细菌性果斑病、病毒病、叶枯病等。种传病害已成为西瓜、甜瓜生产病害防治中亟待解决的问题。因此，为了杀死种子携带的病菌、虫卵，避免传病害的发生，在播种前对种子进行消毒灭菌处理十分必要。

1. **晒种**　在春季，选择晴朗无风天气，把种子摊在席上或纸上，厚度不超过1厘米，使其在阳光下暴晒，每隔2小时左右翻动1次，使其受光均匀，阳光中的紫外线和较高的温度对种子上的病菌有一定的杀灭作用。

2. **温汤浸种**　将种子放入55℃的温水中，不断搅拌15分钟，然后使其自然冷却，浸种4～6小时。55℃为病菌的致死温度，浸烫15分钟后，基本上可杀死附着在种子上的病菌、病毒，可预防西瓜花叶病毒病。在没有温度计的情况下，可用2份开水兑1份冷水，将手伸入水中感到烫手，但又能忍受，即为55℃左右。

3. **药剂消毒**

（1）磷酸三钠浸种法。用10%的磷酸三钠溶液，浸泡种子20分钟，捞出后在水中清洗干净，除去种子表面的药液，可以钝化种子所带病毒，对花叶病毒病预防效果较好。

（2）代森铵浸种法。先将50%的代森铵水剂配成500倍的药液，放入种子，浸泡0.5～1小时，然后捞出种子，用清水冲洗干净。

（3）高锰酸钾溶液消毒法。用0.05%的高锰酸钾溶液浸泡种子10～15分钟，浸泡过程中不断搅动，可杀灭种子表面的病菌。然后捞出种子，用清水冲洗干净。

（4）多菌灵浸种法。用50%的多菌灵可湿性粉剂配制成500倍的药液，使种子在其中浸泡1小时，捞出种子，用清水冲洗干净，可以预防炭疽病。

（5）甲醛浸种法。用40%福尔马林水剂150倍液浸种15分钟，捞出后用水冲净，可预防枯萎病和蔓枯病。

（6）药粉拌种法。用90%敌百虫粉拌种，直接可防蚁类及地下害虫咬种；亦可用少量煤油拌种，可兼防田鼠咬种。

（7）硫酸链霉素消毒浸种法。用硫酸链霉素100～150倍液（必须用蒸馏水稀释）浸种10～15分钟，可预防炭疽病和细菌性角斑病。

4. 注意事项

（1）晒种时不要将种子放在水泥板、铁板或石头等物上，以免影响种子的发芽率（图3-1）。

（2）烫种时要注意时间短、速度快，以免影响种子的发芽率。

（3）药剂浸种不能用粉剂（粉剂不溶于水），浸种用的是稀释浓度的药剂，所用浓度一般按照有效成分的含量计算，浸种药剂浓度一般与浸种时间有关，浓度低时时间可略长一点，浓度

图3-1　晒种

高时要适当缩短时间；浸过的种子要冲洗，浸种后应摊开晾晒后再播种；药液面要高于种子10厘米以上，以免种子吸水膨胀后露出药液外，降低消毒效果；种子放入药液后应充分搅拌，排除药液内的气泡，使种子与药液充分接触，提高浸种效果（图3-2、图3-3）。

图3-2 温汤浸种及药剂浸种处理　　　　图3-3 药剂拌种

（二）催芽与播种技术

瓜类种子由于种皮厚、种壳坚硬、发芽困难，在早春育苗时往往因气温低及种子处理方法不当而引起种子发芽率低或发芽时间长等现象，影响育苗质量，这给早熟、优质、高产栽培带来了困难。因此，种子催芽是西瓜、甜瓜育苗中的重要环节。催芽具有以下优点：①打破霜期的限制，提早播种，使生育期提前；②苗床内生长条件优越，种子成活率高，可节省种子；③幼苗生长相对集中，方便人为控制温度、湿度及防病治虫，有利于培育壮苗；④移栽苗整齐一致，成活率高（图3-4至图3-8）。

1. 催芽

（1）种子处理。用药液浸过的种子，搓掉其种皮黏液（图3-4），用清水洗净后，用湿布包好，在28～32℃环境下催芽，催芽过程中，注意时常用30℃左右的温水过滤种芽。

（2）保湿处理。催芽时既要保温，又要透气，可将盖帘一类的东西放在下面，再铺上毛巾，毛巾上平铺浸过的种子，上面再盖上毛巾。毛巾要用热水消毒，湿度不宜过大，以免影响种子出芽（图3-5）。要经常观察温度和湿度的变化，若出现干皮现象，马上换洗毛巾并清洗种子。

图 3-4　洗去种皮黏液　　　　　　　图 3-5　催芽至露白

（3）炼芽。一般24～36小时可齐芽，当幼芽长至2～3毫米时，放在10～15℃环境条件下炼芽，以提高幼芽的适应性。如果催芽不齐可将催出的瓜芽选出来，经常温炼芽后，用湿布包好，放在冰箱的冷藏箱里（1～3℃温度环境），待芽子出齐后再准备播种，播种前不管是在冰箱里冷藏的，还是后催出来的芽子，都要经过常温炼芽（接近育苗室最低温度）4～5小时后再播种。

2. **播种前浇水**　在播种前1天浇足水增温，准备播种，播种时表土最好能够成泥浆状态，播种后使种子能够部分下陷入泥浆中，以保证一播全苗，也可以直接购买育苗专用基质，浇足水装盘待用。

3. **播种方法**　在每个浇足育苗水的穴盘或营养钵内平放1～2粒种子，或育苗畦按株距4厘米播种（图3-6）。随播种在种子上均匀覆盖1～1.5厘米厚基质过筛营养土（图3-7），然后覆一层地膜保温、保湿，待80%以上拱土、出土时揭掉薄膜（图3-8）。

图 3-6　播种

图 3-7　覆土

图 3-8　覆膜

4. 注意事项

（1）普通西瓜在25～30℃发芽，无籽西瓜在30～33℃发芽，低于15℃则大多数品种不能正常发芽，超过40℃则有损伤胚根的危险，使"露白"的种子胚根不再伸长或变黄。

（2）浸种时间不够，造成种子吸水不足，特别是气温较低时，因浸种不彻底而造成出芽慢、出芽迟，甚至发生烂种现象；浸种时间过长，影响发芽率或造成发芽势减弱。

（3）经过浸药的种子在催芽时，往往由于种子湿度过大、包布太湿、种子太多、堆积较厚而影响气体交换、透气不良，进而发生闷种和烂种的现象，造成出芽慢或不出芽。

（4）播种前必须注意收听天气预报，最好在播种后7天内没有恶劣性天气，以防地温过低、土壤湿度过大，引起烂种、烂芽或出苗缓慢、苗弱等现象。

（5）出苗后适时揭掉薄膜，揭膜过早会影响出苗率；揭膜过晚，高温烧苗和下胚轴过长会导致苗弱。

（三）双断根嫁接育苗技术

嫁接育苗技术是克服土传病害最为有效的手段，传统的嫁接主要采用插接法，该方法保留砧木原有根系，在工厂化育苗生产中存在诸多弊端，如砧木出苗不齐，嫁接费时费工，商品苗形态不一致，生产成本高。双断根嫁接，即将砧木（一般采用葫芦）从子叶下5~6厘米处平切断，按顶接法将接穗与砧木进行嫁接，再将嫁接苗扦插入专用扦插基质中培养砧木新根的育苗方法。该嫁接方法具有以下优点：①插后砧木诱发的须根多，根系发达，抗逆性更强；②嫁接苗的根系活力强，定植后缓苗快；③嫁接苗的根系强大，其吸肥水的能力与抗旱性明显增强；④提高嫁接苗的成活率与一致性，瓜苗粗壮；⑤提高劳动生产效率，降低生产成本。

1. 准备工作

（1）育苗场地选择。一般选择具有良好保温和升温性能的保护地。

（2）育苗容器选择。一般选择32孔穴盘作为扦插嫁接苗的容器，此外，还需要播种砧木和接穗的平底育苗盘或者自己制作沙床。

（3）消毒。一般用40%甲醛溶液喷雾消毒或者用50%多菌灵溶液拌基质消毒。

2. 砧木和接穗选择　砧木应选择与接穗亲和能力强、抗逆性能好、对成熟后品质没有影响或者影响小的品种。一般接穗要选择适应当地环境条件、符合当地消费习惯的品种。

3. 装填基质　选择优质草炭、蛭石和珍珠岩，按照3∶1∶1的比例进行配制，并向每立方米基质中加入200克多菌灵消毒，充分拌匀，覆上塑料膜闷放3天，提前1天装盘，浇透水。然后把拌好的基质装入穴盘中浇好水备用。

4. 砧木播种　砧木种子先晒2~3天，播前用50~60℃的温水浸种，浸种时要不断搅拌直至水温降到30℃。自然冷却后再用清水浸种16小时以上，然后清洗2~3遍。先包湿布，再用湿毛巾包好，装入塑料袋后放进恒温箱，28~30℃下催芽，其间需补充水分，2~3天后拣出发芽的种子。按行距5厘米，株距1.5~2厘米播种，将种子平放，方向一致，1盘播种220~230粒。播种时间一般安排在嫁接前15~20天。

5. 接穗播种　接穗种子处理方法同砧木（图3-9），待水温自然冷却后要将种子清洗2~3遍，浸泡6~8小时后再清洗3~4遍。接穗播种时间一般在砧木播种后10~15天。播种前将泥炭和蛭石按体积比

1：1拌匀，每立方米加50%多菌灵0.5千克，充分拌匀，覆上塑料膜闷放3天，播种前一天，将基质均匀平铺于电热苗床上，厚度约5厘米，浇透底水。发芽前将温度控制在28℃左右。种子露白发芽后均匀播于苗床内，播后用营养土盖籽，厚度1~1.5厘米。

图3-9　接穗断根

6.断根嫁接

（1）嫁接时间。当砧木长到1叶1心（第1片真叶展开，第2片真叶露心），接穗子叶展开时（最好是第1片真叶露心时）即可嫁接（图3-10）。

（2）嫁接方法。①砧木处理：嫁接当天提前抹去砧木的基部生长点，并从其子叶5~6厘

图3-10　砧木摘心

米处平切断，切下后的砧木要保湿，并尽快进行嫁接，防止萎蔫。然后用竹签在砧木切口上方处顺子叶连线方向成45°角斜戳约0.5厘米深，直到将下胚轴戳通少许为止。②削接穗：在西瓜苗子叶基部0.5厘米处斜削一刀，切面长0.5~0.8厘米。③嫁接措施：取出接穗苗，下胚轴留1.5~2.0厘米，用刀片斜削一刀，迅速拔出砧木中的竹签，将削成斜面的接穗下胚轴准确地按竹签插入方向斜插入砧木中，使之与砧木切口刚好吻合，并使接穗子叶与砧木子叶成"十"字形交叉。

将嫁接好的苗插入基质内,扦插深度约3厘米(图3-11)。

④回栽:嫁接后要立即将嫁接苗保湿,尽快回栽到准备好的穴盘中。插入基质的深度为2厘米左右,回栽后适当按压基质,使嫁接苗与基质接触紧密,防止倒伏,并有利于生根。

图3-11 嫁接

7. 嫁接后的管理

(1)温度管理。嫁接后的温度管理可以分为5个阶段:①1～3天为愈合期,温度白天控制在28～30℃,夜间18～25℃。②4～6天为成活期,白天温度控制在26～28℃,夜间18～25℃。③7～10天为适应期,温度可进一步降低,白天温度控制在22～25℃,夜间15～20℃。④11天后为生长期,白天温度控制在20～25℃,夜间15～16℃。⑤出圃前3～5天为炼苗期,温度继续降低,逐步达到定植后的环境温度。

(2)湿度管理。湿度管理总的原则是"干不萎蔫,湿不积水",即湿度应控制在接穗子叶不萎蔫,生长点不积水的范围内。晴天应以保湿为主,阴天宁干勿湿;嫁接后1～3天,以保湿为主,但接穗生长点应不积水;嫁接后4～5天,加强通风透光。通风一般选择在早晚光照不强时进行,通风的时间以接穗子叶不萎蔫为宜。当接穗开始萎蔫时,要立即保湿遮阴,待其恢复后再通风见光;通过上述过程反复炼苗,1周后就可进入正常的苗床管理(图3-12)。

(3)光照管理。嫁接苗成活之前,要根据棚内的温度来进行光照管理。只要棚内温度不超

图3-12 嫁接后覆膜保湿

过32℃，接穗不萎蔫，就应该尽量增加光照，温度超过32℃时，就要遮阴降温。嫁接后1~3天，嫁接苗就可以适当见光，但应以散射光为主，避免阳光直射，见光的时间要短；嫁接后4~7天可逐渐延长光照时间，加大光照强度，一般在早晚见光，中午光照强烈时遮阴；嫁接1周后一般就不再需要遮阴，但要时刻注意天气变化，特别是多云转晴天气，转晴后接穗易萎蔫，一定要及时遮阴，经过见光—遮阴—见光的炼苗过程。

8. 成活后的管理

（1）肥水管理。嫁接苗成活后要适当控水，有利于促进其根系发育。成活后至出苗前喷施3~4次叶面肥（图3-13）。

（2）除蘖。嫁接成活后应尽早地、反复多次地除蘖（摘掉砧木萌发出的侧芽），一般3~4天1次。

9. 适宜苗龄

适合定植的断根嫁接苗出圃标准为株高13~16厘米，节间短，具2~3片

图3-13 嫁接苗

真叶，子叶完好，叶色浓绿，根系发达，无病虫害。

（四）测土配方施肥技术

满足西瓜、甜瓜对养分的需求是实现高产的重要途径，通过土壤和肥料供给西瓜、甜瓜生长发育所需的养分，是简易测土施肥法的基本理论。测土配方施肥技术是以土壤测试和肥料田间试验为基础，根据土壤的供肥性能、作物的需肥规律和肥料效应，在合理施用有机肥的基础上，提出氮、磷、钾和中微量元素的适宜比例、用量以及相应的施用技术，以满足作物均衡吸收各种营养，达到氮、磷、钾营养元素的平衡、有机与无机平衡、大量元素与中、微量元素平衡，维持土壤肥力，减少养分的流失，达到高产、优质和高效的目的。通过测土

配方施肥技术可以测定土壤中的养分状况，确定施肥种类、施肥量以及施肥时期，从而促进西瓜、甜瓜生产（图3-14、图3-15）。

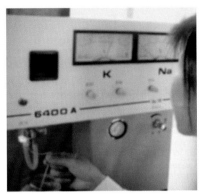

图3-14　测土配方取土样　　　　　图3-15　土壤养分检测

1.需肥特性　生产100千克西瓜约需吸收氮0.19千克、磷0.092千克、钾0.136千克，生产100千克甜瓜需吸收氮0.25~0.35千克、磷0.13~0.17千克、钾0.44~0.68千克。一般来说，足量的氮肥是西瓜、甜瓜高产的基础；充足的磷肥有利于发根，可以促进植株的生长发育，促进花芽分化，使其早开花，早坐瓜，早成熟；钾是植物体中多种酶的催化剂，能促进光合作用、蛋白质的合成、糖分的增加，提高瓜的质量等。

2.施肥量的确定　生产上氮、磷、钾的施用比例一般为1：（0.3~0.5）：（0.8~1），肥料用量的确定，既可进行田间试验摸索合理用量，也可以通过试验摸清单位产量需肥量、土壤供肥量、肥料利用率等有关施肥参数后，产前测定土壤养分含量，通过肥料施用量计算公式——养分平衡法来计算。

3.施肥方法

（1）施足基肥。西瓜、甜瓜田块基肥一般每亩施有机肥1 000~1 500千克、钙镁磷肥40~50千克、尿素5千克、硫酸钾8~10千克。以沟施为宜，也可施于瓜畦上，后翻入土中。

（2）巧施苗肥。幼苗期，土壤中需有足够的速效肥料，以保证幼苗正常生长的需要。一般来说，在基肥中已经施入了部分化肥的地块，只要苗期不出现缺肥症状，可不追肥。若基肥中施入的化肥较少，或未配有化肥的地块，应适量巧追苗肥，以促进幼苗的正常生长发育。施肥时间以幼苗长出2～3片真叶时为宜，或在浇催苗水之前，每亩追施4～5千克尿素。苗期追肥切忌过多、距根部过近，以免烧根造成僵苗。

（3）足追伸蔓肥。瓜蔓伸长以后，应在浇催蔓水之前施促蔓肥，由于伸蔓后不久瓜蔓即爬满畦面（有些地方习惯在伸蔓时用稻草覆盖畦面），不宜再进行中耕施肥，因此大部分肥料要在此时施下。一般每亩追施三元复合肥20～25千克、尿素20～25千克、硫酸钾10～12千克。伸蔓肥以沟施为宜，但开沟不宜太近瓜株，以免伤根，施肥后盖土。

（4）酌施坐瓜肥。开花前后是坐瓜的关键时期，为了确保植株能够正常坐瓜，一般来说不要追肥。但在幼瓜长到鸡蛋大小时，进入吸肥高峰期。此期若缺肥不仅影响瓜的膨大而且会造成后期脱肥，使植株早衰，既降低瓜的产量，又影响瓜的品质，所以要酌施坐瓜肥，一般可用高浓度复合肥5～10千克兑水淋施。

（5）后期适当喷施叶面肥。膨瓜后进入后期成熟阶段，根系的吸肥能力已明显减弱，为弥补根系吸肥不足而确保瓜的正常成熟与品质的提高，可进行叶面喷施追肥。如可喷0.2%～0.3%的尿素溶液，或0.2%尿素+磷酸二氢钾混合液。

（五）有机肥的应用技术

近几年来，随着农业结构的调整，西瓜、甜瓜种植面积稳中略升，在肥料施用上，有机肥的使用已成为关注的热点，不少种植户加大了有机肥的用量，对提高产量、改善品质都取得了很好的效果。但有机肥种类较多，盲目施用有机肥，效果却不明显，甚至还会出现负面效应，降低西瓜、甜瓜的产量和品质。因此，正确选购和施用有机肥料可起到事半功倍的效果（图3-16）。

1. 有机肥种类的选择 有机肥种类料较多，包括用无机肥料复配的、以家禽粪便为主的、以植物类原料为主的、以矿物质原料为主掺和少量有机肥料的等。众多产品常把农民搞得眼花缭乱，建议西瓜、甜瓜以选用植物性原料为主，充分腐熟的有机肥料为好，尽量不要施未充分腐熟就投放市场的鸡粪类肥料，这类有机肥料很容易烧伤作物根系造成死苗。

图3-16　施用有机肥

2. 配用肥料的选择　施入有机肥可有效改良土壤结构，提高有机质的含量，增强保水保肥能力。但仅仅施用有机肥是不够的，还须配套施用无机复合肥料，特别是硫酸钾复合肥，使有机、无机肥料相结合，迟效、速效肥料相结合，有效地促进西瓜、甜瓜糖分含量的提升，充分发挥肥料的综合效应。

3. 施用方法

（1）有机肥料一定要在西瓜定苗前15～20天施用，早施用可以早见效，施得过迟效果差。

（2）应施入20厘米以下的土层中，以诱使瓜根系下扎，施浅了养分容易流失。

（3）在施入有机肥料后，要确保土壤有较好的墒情，墒情越好肥料释放越快，墒情不足效果差。

（4）要避免施用含氯的化肥，以免降低含糖量，影响瓜类内在品质。

4. 注意事项

（1）有机肥的长效性不能代替化学肥料的速效性，必须根据不同作物和土壤，再配合尿素、配方肥等施用，才能取得最佳效果。

（2）有机肥一般以作为基肥和种肥使用为主，在栽种前将肥料均匀撒施，耕翻入土或者配合化肥作为种肥播前带入，要注意防止肥料集中施用发生烧苗现象。

（3）有机肥作为追肥使用时，一定要及时浇足水。

（4）有机肥在高温季节使用时，一定要注意适当减少施用量，防止发生烧苗现象。

（5）要注意有机肥的酸碱度，在不同土壤环境下应注意其适应性和施用量。

（六）肥水一体化技术

肥水一体化技术是采用在瓜行内铺设滴灌网管，外接施肥器，追肥与浇水同步。该技术具有土壤疏松、地温高、不积苗、返苗快、棚内空气湿度小、病害发生轻、肥料利用率高等优点，同时，还能够解决坐果期漫灌浇水不均、坐果不一致的问题，在中牟县姚家镇罗宋村多年的示范结果显示，该技术比漫灌节约用水50%，节约生产成本120元/亩（图3-17、图3-18）。

图3-17 不同类型肥水一体化设备

1. 整地施肥　定植前10～15天，浇水造墒，每亩施用腐熟的圈肥5立方米，深翻耙细，整平，起垄；垄宽60厘米，垄高15～25厘米，于垄底撒施三元复合肥60千克，或磷酸二铵40千克、硫酸钾20千克。

2. 铺设滴灌带　整地后，将主灌带横贯于棚头或棚中间位置，滴灌带纵贯于大棚西瓜种植行间，主灌带与滴灌带间安装控制阀，为保证供水充足，可在瓜行两侧各铺设一条滴灌带，滴灌带的长度以50～60厘米为宜（图3-19）。

图3-18　田间肥水一体化　　　　　　图3-19　铺设滴灌带

3. 覆膜定植　滴灌带铺好后在垄上覆黑色地膜，定植前根据密度要求，用打孔器在靠近滴灌带处打孔。定植后浇一次透水，必要时，可移动滴灌管，以保证每株瓜苗都能浇上水。

4. 水肥耦合方案

（1）肥料种类与配制。追施的肥料必须是全溶性的，不能有分层和沉淀。一般选用尿素、硫酸钾等提供大量元素，选择水溶性多效硅肥、硼砂、硫酸锰、硫酸锌等提供中、微量元素。其中，微量元素也可直接用营养型叶面肥或水溶性较强的西瓜、甜瓜专用肥。

（2）追肥时期与用量。一般来说，西瓜缓苗后浇一次缓苗水，随水追施尿素10～15千克/亩；在幼果鸡蛋大小时追施膨瓜肥，随水追施尿素5～10千克/亩、硫酸钾5～10千克/亩；结瓜中后期随水追施硫酸钾5～10千克/亩。

（3）追肥方法。供水可采用动力泵或压力灌加压，肥料可定量投放到蓄水池，溶解后随水直接入田；也可制成母液装入施肥器，利用施肥器吸管开关控制肥液的流量，也可通过机动喷雾器控制流量，将肥料输送到供水系统中随水入田。追肥时先用清水滴灌20分钟左右，再滴灌肥水；施肥结束后再滴灌20分钟左右，冲洗滴灌带（图3-17）。

（七）土壤酸碱化调节技术

大多数土壤的酸碱度适合植物生长，但成土母质、所处气候条件、不合理的耕作制度和管理措施等因素会使土壤酸化或碱化，加重土壤板结，使根系伸展困难、发根弱、缓苗困难，容易形成老苗、僵苗，根系发育不良，吸收功能降低，长势弱，严重影响西瓜、甜瓜的产量和品质。因此，对土壤酸碱度必须经常进行适当的调节，以满足西瓜、甜瓜生长的需求。

1. 增施有机肥　增施有机肥是调节土壤酸碱度最根本的措施，可提高土壤的缓冲性能。土壤缓冲性能与土壤中腐殖质含量密切相关，而腐殖质主要来源于有机质，因此，在农业生产中必须强调增施有机肥。

2. 合理施用化肥　在增施有机肥、提高土壤缓冲性能的基础上，应根据土壤酸碱程度及肥力状况等，合理配施化肥。一般来说，酸性土壤选施碳酸氢铵等碱性肥料，磷肥则选施钙镁磷肥。碱性土壤，选施易溶性酸性化肥，如硫酸铵、过磷酸钙等。尿素属中性有机态氮肥，酸碱土壤都能施用，但施后隔3~5天应再进行灌水，以防止流失，提高肥效。

3. 适施石灰　酸性较强（pH值5.5以下）、土质黏重、有机质含量较高的土壤，适当增施石灰（图3-20）。一般每亩基施50~100千克，每隔2~3年施用1次；当土壤酸化严重并想迅速提高pH值时，可

图3-20　撒生石灰调节土壤

施加熟石灰，但用量为生石灰的1/3～1/2，且不可对正在生长植物的土壤施用。碱性强的土壤，可亩施石膏（硫酸钙）15～25千克，调节其碱性。

4. 注意事项

（1）需注意施用深度，一般底肥应施到整个耕层之内，即15～20厘米的深度。

（2）对于有机肥、氮肥、钾肥、微肥，可以混合后均匀地撒在地表，随即耕翻入土，做到肥料与全耕层土壤均匀混合，以利于作物不同根系层对养分的吸收利用。

（3）由于磷肥移动性差，且施入土壤后易被固定而失去有效性，所以在底施时应分上、下两层施用，即下层施至15～20厘米的深度，上层施至5厘米左右的深度。上层主要满足作物苗期对磷的需求，下层供应作物生长中、后期的磷素营养。

（4）提倡根外追肥，根外追肥不会造成土壤破坏；慎施微肥，一般情况下要用有机肥来提供微量元素，且不要过量使用（图3-21）。

图3-21 撒草木灰调节土壤

（八）多层覆盖技术

大棚多层覆盖栽培甜瓜上市早、效益高。四膜覆盖5月1日前后上市，亩产值一般在15 000元以上；三膜覆盖5月上旬上市，亩产值在12 000～15 000元。

1. 多层覆盖 三膜覆盖是在大棚膜下面间隔15厘米连续吊两层二膜；四层覆盖是在三层覆盖的基础上增加2米小拱棚（图3-22）。

2. 整地施肥 土壤封冻前整地，亩施腐熟鸡粪4～5立方米，磷酸二铵50千克，硫酸钾40千克作底肥，旋耕细碎后按1米等行距作畦，畦

图3-22　多层覆盖

高25~30厘米。

3. 扣膜　四膜覆盖定植前35天，三层覆盖定植前30天扣膜提温，随即上二膜，铺微喷（滴灌）带，铺地膜，洇地等待定植。

4. 育苗　厚皮甜瓜1月上中旬育苗，生理苗龄2叶1心至3叶1心；薄皮甜瓜12月下旬开始嫁接育苗，采用顶插接，生理苗龄4叶1心至5叶1心。

5. 定植　四膜覆盖2月中旬定植；三膜覆盖2月下旬定植。根据品种特性，厚皮甜瓜亩栽1 600~1 800株；薄皮甜瓜亩栽1 800~2 000株。当10厘米地温稳定在12℃时半坡定植，浇透定植水，盖好小拱棚以利于提温缓苗。

6. 定植后管理

（1）温度管理。定植后3~5天不放风，之后棚温超过38℃时适当通风；缓苗后至伸蔓前期，白天棚温保持在32~35℃，小拱棚早揭晚盖；伸蔓期白天棚温28~32℃，夜温8~12℃；开花坐果期白天棚温25~32℃，夜温13~15℃；膨果期白天棚温30~35℃，夜温15℃以上。随着气温升高，3月上旬撤去小拱棚，3月下旬撤去第二层内幕，4月中旬撤去第一层内幕。

（2）水肥管理。定植时浇透定植水；进入伸蔓期根据墒情浇1次水，施三元素复合肥10~15千克/亩；开花坐果期保持土壤和空气湿润；幼瓜鸡蛋大小时浇膨瓜水，施三元复合肥30~40千克/亩；以后保持土壤见干见湿，果实膨大期可喷施2~3次高钾叶面肥，采收前7~10天停止浇水施肥，以免果实含糖量降低。

（3）吊蔓整枝。定植后瓜蔓长到6~7叶期开始整枝打杈、吊蔓。采用主蔓整枝一次掐顶法。

（4）留瓜。薄皮甜瓜一般将第4片真叶以下长出的侧蔓全部去掉，5~7节开始坐果，连续授粉5~6个，留果3~4个。间隔8~10节留二茬瓜2~3个，主蔓25~30叶打顶，第三茬瓜一般在孙蔓上处理瓜胎3~5个，留瓜2~3个。厚皮甜瓜根据果个儿大小在9~15节坐果，在第一茬果授粉15~18天后坐二茬果。

（5）定瓜。大多数瓜胎长至核桃到鸡蛋大小时定瓜，保留个头大小一致、瓜形周正的幼瓜。

7. 病虫害防治

（1）防治原则：预防为主，综合防治。以生态防治为主，化学防治采用高效低毒、低残留、残效期短的农药，并注意轮换用药和合理混用。

（2）虫害防治：采用棚内悬挂黄板诱杀蚜虫，或用吡虫啉防治蚜虫、粉虱。

（3）病害防治：猝倒病用95%噁霉灵3 500倍，3%噁霉·甲霜灵水剂600液喷淋；霜霉病用72.2%霜霉威（普力克）水剂600倍液、68%精甲霜灵·锰锌（金雷）500倍液、50%烯酰吗啉（安克）1 500倍液；白粉病用25%嘧菌酯（阿米西达）悬浮剂1 500倍液、30%嘧菌·啶酰菌胺（翠泽）1 000倍液喷雾；蔓枯病用50%甲基托布津可湿性粉剂600倍液、75%百菌清可湿性粉剂600倍液、10%世高水分散剂2 500倍液防治。

（九）秸秆生物反应堆应用技术

秸秆生物反应堆应用技术是一项有机无公害栽培的突破性技术。应用秸秆种类包括玉米秸秆，麦秸，蘑菇渣，玉米皮，玉米芯，棉柴，豆秸，谷草，稻草，杂草，树叶，木屑，牛、羊、马粪等。应用方式有三种：内置式、外置式和内外结合式。生产实践中多采用内置式，以内外结合式最佳。由于秸秆在地下有微生物菌种、水、温度等因素作用，很快降解腐烂，提高了土壤中有机质含量，减少了化肥施用次数，降低土壤板结；由于发生反应堆时注水充足，因此在日常管理中，较不使用秸秆省水30%，即正常生产田浇水3次，秸秆田浇水2次；由于生物菌剂在秸秆上大量繁殖和分解抗病微生物，抑制了土传病害的发生（枯萎病、根腐病、茎基腐病等），减少了农药使用量。对促进作物生长发育，提高作物光合效率，获得高产优质农产品具有积极的推动作用。

1. **秸秆和其他物料用量**　每亩用秸秆3 000～4 000千克，麦麸120～160千克，饼肥（蓖麻饼、棉籽饼、花生饼、豆饼等）100千克。严禁使用鸡、猪、鸭等非草食动物粪便，研究证实，它们是线虫和许多病害的传播媒体，会导致枯萎病严重发生。基肥不施化肥。

2. **菌种、疫苗用量**　每亩菌种8～10千克，疫苗2千克。

3. **菌种和疫苗的处理**

（1）菌种处理。菌种现拌现用，具体方法是1千克菌种加20千克麦麸，1千克麦麸加0.8千克水，先把菌种和麦麸干着拌匀再加水，拌好后用手一攥，手缝滴水，摊薄10厘米，用纱网遮盖。

（2）植物疫苗处理。反应堆做好后于浇水前5～7天处理。方法与拌菌种相同。为了能均匀接种疫苗，最好每亩用100～150千克草粉加水拌匀，用手一攥，手指缝滴水，再与拌好的疫苗拌匀，然后平摊于阴处，厚度10厘米，用纱网遮盖，处理5～7天待用。

4. **操作方法**

（1）开沟。可在当年11月底，在西瓜或甜瓜种植沟下开沟，沟宽60厘米、深30厘米，起土分放两边（图3-23）。

（2）填埋秸秆。将备好的秸秆填入沟内。秸秆不必切碎，但要用干料，种类不限，玉米秸、玉米芯、麦秸、稻草、谷秸、高粱秸等都可。铺放均匀、踏实，南北两端让秸秆露出地面5～10厘米，以利沟内通气（图3-24）。

（3）接种菌种。填放秸秆厚度为深度的一半时，踩实，把拌好的菌种均匀撒在秸秆上，撒匀后用铁锨轻拍一遍秸秆，让菌种漏入下

图 3-23　开沟　　　　　　　　　　图 3-24　铺秸秆

层一部分。然后铺秸秆，踩实至与地面水平，可适量加入有机肥，再撒剩余菌种（图3-25）。

（4）覆土。 回填土时边填边敲打，覆土厚度一般20厘米左右，覆土后应形成高畦，搂平。

（5）启动反应堆（图3-26）。①浇水。在反应堆间的沟内浇水，水面高度应达到垄高的3/4，利用水的渗透作用，充分浸透反应堆的秸秆，但要防止水面过高，以免垄土板结，影响栽种。②打孔。浇水后4～5天，反应堆已开始启动，这时要及时打孔，以通气散热，增加二氧化碳的气体排放。打孔用14号钢筋，间隔20～25厘米，深度要达到秸秆底部。以后每逢浇水后如气孔堵死，都必须再打孔。③微灌，覆地膜。在栽植行间铺上两根微灌或滴灌软管，禁止大水漫灌。然后覆盖地膜，地膜边沿应压实，禁止在畦垄上对缝覆盖。

图 3-25　撒菌种　　　　　　　图 3-26　秸秆生物反应堆种植西瓜

5. **播种或定植**　启动反应堆7～10天后，地温提上来即可进行播种或移栽定植。在第一次浇水浸透秸秆的情况下，定植时千万不要再浇大水，缓苗浇小水即可，若墒情足也可不浇水。

6. **使用注意事项**

（1）秸秆用量要和菌种用量搭配好，每400千克秸秆用菌种1千克。

（2）浇水时不要冲施化学农药，特别要禁冲杀菌剂。

（3）浇水后4～5天要及时打孔，用14号的钢筋，每隔25厘米打1个孔，要打到秸秆底部。浇水后如孔堵死要再打孔，地膜上也要打孔。

（4）减少浇水次数，一般常规栽培浇2～3次水，用该项技术只浇1次水即可，切浇水不能过多。

（5）瓜膨大前7天，适当追施少量有机肥和复合肥，具体操作是每亩冲施浸泡10天的豆粉、豆饼等有机肥20千克左右，复合肥10千克。

（6）也可在铺好秸秆后，撒饼肥、撒拌好的菌种，覆土15～20厘米，不浇水，翌年瓜定植前30天封棚、上膜浇水，其他操作同上。

（十）简约化整枝技术

西瓜"燕型整枝"技术是使植株在田间按一定方向呈燕型伸展，使蔓叶尽量均匀地占有地面，以便形成一个合理的群体结构。连续5年在确山县的示范结果显示：该简化整枝与其他整枝相比，增产或减产效果均不显著，但比三蔓或两蔓整枝省工70%，节省劳力成本262.5元/亩，节本增效显著，具有良好的示范和推广前景。

1. **品种选择**　选择生长势强、抗病虫害、适于粗放管理的优良品种，如凯旋、龙卷风、高抗8号等。

2. **重施基肥**　豫南地区潜山丘陵较多，水浇设施条件较差，春季低温少雨，夏季高温多雨，4～5月西瓜生长前期降水量少，6月降水量增多，即使基肥施用比例较高，前期肥效也难以发挥。因此，以施基肥为主，一般每亩施3～4立方米土杂肥，70～80千克复合肥，10～15

千克尿素，少追肥或不追肥，这样既减少了浇水和施肥用工，又能满足西瓜生长对水分养分的需求，使施肥趋于简约化。

3. 合理稀植 瓜畦宽（行距）2米，株距0.8~0.9米，种植密度在400株/亩左右。

4. 简化整枝 调整主蔓方向与瓜畦成30°~45°角（为使坐瓜位置在瓜畦上，避免雨季畦沟内雨水浸泡西瓜）；主蔓两侧6~8个侧蔓在主蔓两侧依次排列，好像燕子的翅膀，因此这种简化整枝被当地瓜农称为"燕型整枝"（图3-27），该整枝方式只调整主蔓的方向，保留所有的侧枝，不考虑整枝问题；对主蔓、侧蔓等均不摘心，不压蔓，瓜蔓密如网，互相缠结，风再大也不飘摆。

图 3-27 燕型整枝

5. 适时留瓜 留瓜部位一般距瓜根1.4米左右（第三雌花），西瓜在拳头大至碗口大时定瓜，剔除畸形瓜和位置不好的瓜，一般1株只留1个西瓜，单瓜重一般在8千克以上。

（十一）座瓜灵应用技术

自然的或者人工合成的生长素、细胞分裂素以及赤霉素等，能够促进幼小果实发育，促进果实膨大，提高坐果率，增加产量。特别是在温室大棚或者气候条件异常的情况下，由于蜜蜂活动困难，落花落果严重。采用适当浓度的座瓜灵，可以解决花粉败育的问题，且可省工省时，提高坐果的一致性，为西瓜、甜瓜的丰产稳产提供重要保障。

1. 常用座瓜灵及剂量

（1）氯吡脲，常用剂量：0.1%氯吡脲10毫升/袋。

（2）噻苯隆，常用剂量：0.1%噻苯隆10毫升/袋。

2. 使用浓度

最佳使用时期和兑水量受品种特性、气温、栽培管理水平的影响，应根据实际情况灵活调整。通常气温低于17℃时，每袋兑水0.6~3千克；气温18~24℃时，兑水1~3千克；气温25~30℃时，兑水1~4千克；气温31℃以上时禁用。

3. 使用时间　西瓜、甜瓜于雌花开花当天或开花前1天喷瓜胎1次，宜在早上露水干后或下午4时后使用。

4. 使用方法　将座瓜灵用水稀释至所需浓度，充分摇匀，使其呈均匀的白色悬浮液，然后采用微型喷壶对着瓜胎逐个充分均匀喷施，也可采用毛笔浸蘸药液均匀涂抹整个瓜胎（图3-28）。

图3-28　座瓜灵喷瓜胎

5. 采收时间　由于使用座瓜灵后，果实生长速度明显加快，果实很快就长到商品瓜大小，而且薄皮甜瓜食用时一般不削果皮，苦味苷等苦味物质常存于果皮及果柄附近，故使用座瓜灵后一定要等果实完全成熟后再采收，使内在物质充分转化，否则可能造成品质不佳，风味降低，甚至有的品种会产生苦味等问题。

6. 注意事项

（1）喷、涂或蘸药一定要均匀，以免出现歪瓜，且不可重复过量喷施，用药后要加强肥水管理。

（2）座瓜灵系可湿性粉剂，使用时应随用随配，不可久置，喷药后6小时内遇雨应酌情补喷。

（3）安全间隔期：西瓜20天，甜瓜14天。

（4）施药时穿长衣长裤、戴口罩，施药后立即清洗手、脸。

（5）清洗器具的废水不能排入河流、池塘，废弃物要妥善处理。

（6）避免孕妇及哺乳期的妇女接触药剂。

（7）如皮肤和眼睛沾染药液，应立即用水冲洗。如误服中毒，应送医院对症治疗。

（十二）蜜蜂授粉技术

蜜蜂授粉技术是指在大棚等封闭环境或者大田等蜜蜂不足的环境中采用人工放蜂对西瓜、甜瓜授粉的技术（图3-29）。目前生产上一般采用人工辅助授粉或激素来促进坐果，劳动量大、成本高，雇用人工还受工时限制，没有虫媒及时；人工授粉一般仅一次性蘸花，很难授粉周到，且对雌蕊柱头机械摩擦较重，容易造成伤害；人工采粉到授粉间隔有一定时间，遇干燥天气会影响花粉活力和授粉效果；而采用激素促进坐果使用不当会造成果形不周正、裂果等现象，同时激素残留会影响西瓜、甜瓜品质。采用蜜蜂授粉技术一方面可以减轻瓜农

图3-29　蜜蜂授粉

的劳动强度，是西瓜、甜瓜简约化栽培的一项重要技术，另外，通过蜜蜂授粉还可提高西瓜、甜瓜的坐果率，而且果形周正。

1. 蜂种选择　目前普遍应用于瓜果蔬菜作物授粉的是蜜蜂、壁蜂和熊蜂。蜜蜂和壁蜂适于春季保护地西瓜；熊蜂适用于保护地薄皮甜瓜。

2. 授粉时间及蜂数量　一般春季大棚西瓜应用期10天左右，每亩需蜜蜂或壁蜂1箱。甜瓜一般应用20～30天，每亩需熊蜂1箱。西瓜、甜瓜最佳泌蜜（蜜蜂授粉）时间为上午8～10时。

3. 适宜授粉的品种　适宜大、中、小果型有籽西瓜品种及薄、厚皮甜瓜品种，无籽西瓜禁用蜜蜂授粉。

4. 放置前的准备　棚室土壤，西瓜、甜瓜定植缓苗期及生长前期预先做好病虫害预防措施，在西瓜、甜瓜开花前10天，棚室周围与棚室内禁用任何杀虫药剂，棚中土壤禁用吡虫啉等强内吸性缓释杀虫剂。

5. 环境条件　采用蜜蜂授粉要求将棚温控制在18～32℃，适宜温度22～28℃；相对湿度控制在50%～80%，高于80%应通风降湿。

6. 放置时期　待5%西瓜、甜瓜花开放时及时放置授粉蜜蜂。

7. 蜂箱位置　蜂箱要放置在棚室中央，要避免震动，不可斜放或倒置，距地面50～100厘米。巢门向南或东南方向，便于蜜蜂定向及采集花粉。蜂箱放置后不可任意移动巢口方向和位置，以免蜜蜂迷巢受损。注意防晒、隔热、防湿、防蚂蚁，蜂箱上方30～50厘米处加盖遮阳网。

8. 蜜蜂饲喂　要做好授粉蜜蜂饲喂工作，一般每箱蜂每天需要白砂糖0.5千克，加水熬制成50%糖液饲喂。每个蜂箱上放置1个盛水容器，每天更换清水，水上放1根树枝或其他漂浮物，以便蜜蜂饮水。

9. 科学合理放蜂　蜂群进棚20分钟静止后，慢慢将巢门打开即可。

10. 授粉特征　蜜蜂访花后会在花柱边缘上形成浅色标记（人工授粉后雌花柱呈浅绿色，次日绿色逐渐消失），此标记显示授粉正常。随着时间的推移颜色由浅变深，瓜蕾青绿色、鲜艳、膨大。

11. 选果和疏果　棚室西瓜、甜瓜蜜蜂授粉坐果较多，要求果实长到鸡蛋大时，及时选果和疏果。

12. 蜜蜂回收　棚室西瓜、甜瓜授粉结束，待蜜蜂回箱后关好蜂箱门，打开两侧通风孔，由专业人员收回蜂场。

13. 注意事项

（1）蜜蜂性情温顺，不会主动攻击人，在棚室作业时，不要打扰正在访花的蜜蜂以及敲打蜂箱，非专业人员严禁打开箱盖，以免被螫。搬移蜂箱时需轻拿轻放，以免引起箱内蜂群躁动。

（2）操作人员不应涂抹香水、发胶、香粉、防晒霜、口红等有刺激性气味的物质。如果身上有汗味、甜味、葱蒜味等，应远离蜜蜂。

（3）在西瓜开花前10天，棚室周围与棚室内禁用任何杀虫药剂，棚中土壤禁用吡虫啉等强内吸性缓释杀虫剂。如果生产之初已经使用杀虫药剂，不应再使用蜜蜂授粉，避免造成不必要的损失。

（4）蜜蜂授粉后应及时观察授粉效果，必要时进行人工辅助授粉，以保证坐果率。

（5）控制棚内温度不能高于35℃，夜晚温度不低于10℃。检查蜜蜂访花标记，如发现田间花一半以上变黑，应隔天关闭出蜂口，防止蜜蜂访花过度。

（十三）人工辅助授粉技术

西瓜、甜瓜是虫媒花作物，花期主要靠蜜蜂等昆虫传粉。昆虫的活动受天气的影响很大，早春季节遇低温阴雨天气时，昆虫活动较少，容易导致授粉不良；夏季由于花期遇到高温多雨天气，坐瓜困难；特别是在设施栽培条件下，利用人工辅助授粉也可以明显提高坐果率和果实品质。

1. 瓜节位的选择 西瓜授粉，一般早熟品种在主蔓第12～15节留瓜为好，也就是第2雌花，中晚熟品种在主蔓第20～25节留瓜，一般为第2或第3雌花。无籽西瓜一般在主蔓第20～25节、第3雌花坐果为宜；甜瓜以子蔓或孙蔓留瓜为宜，早熟品种在第9～13节留瓜为宜，中晚熟品种在第12～16节留瓜。在低温、肥料不足、光照较弱、植株生长势较差的情况下，可适当推迟留瓜，反之，留瓜节位可提前。

2. 雌花的选择 雌花品质如何直接影响西瓜的坐果率，要求雌花主蔓、侧蔓上的花柄粗壮，子房肥大，无畸形，发育良好，颜色嫩绿，这样的雌花比较容易坐果，长成后果实大，产量高；雄花应选择当天开放、颜色鲜艳、花冠直径较大的雄花授粉。

3. 授粉时间 西瓜、甜瓜的花大都在早晨6时左右开放，9时左右生理活动最为旺盛，是授粉的最佳时间。上午10时后，在雌花的柱头上渐渐分泌出一种黏液，花冠开始退色而降低授粉效果。因此，一般晴天上午7~10时为人工授粉的最佳时间。阴雨天气开花较晚，可在上午8~11时授粉。同一地块的甜瓜授粉最好在7~10天内完成，这样可以使甜瓜坐果期和采收期集中，方便管理。

4. 授粉的方法

（1）对花授粉法。授粉时，轻轻托起雌花花柄，使其露出柱头，然后选择当日开放的雄花，连同花柄摘下，将花瓣外翻或摘掉，露出雄蕊，在雌花的柱头上轻轻涂抹，使花粉均匀地散落在柱头上，使柱头上有黄色的花粉即可，一般1朵雄花可授2~4朵雌花（图3-30）。

图3-30　人工授粉

（2）蘸花授粉法。将当日开放的雄花花粉集中到一个干燥、清洁的容器（如培养皿、茶碗）中混合，然后用软毛笔或小毛刷蘸取花粉，对准雌花的柱头，轻轻涂抹几下，看到柱头上有明显的黄色花粉即可。

5. 防雨护花 授粉时如遇阴雨天气，应在雌花开放前做好防雨纸罩套在雌花上防雨，并把次日即将开的雄花采回放在室内干燥处，待雄花正常开放散粉时带到田间，取下雌花纸罩授粉。授粉后再给雌花套上纸罩，防止授粉失效。切莫在阴雨天气停止授粉，以免错过最佳授粉时间。

6. 注意事项

（1）必须选晴天无露水天气，毛笔保持干净，否则授粉不会成功。

（2）可控制坐瓜节位，提高坐瓜率，减少畸形瓜，提高产量，保证品质。

（3）开花期间如遭遇连续阴雨天气，可在下雨前一天给雌花和雄花戴上纸帽。授粉后雌花仍戴上纸帽，3天后取下。如遇阵雨，应在雨后2小时进行授粉。若授粉后3小时内遭遇雨淋，则需补授1次。

（4）授粉后的雌花要挂上纸牌，标明授粉日期，这样不仅能防止重复授粉，而且便于确定甜瓜成熟期，以利适时采收。

（十四）果实套袋技术

设施厚皮甜瓜栽培过程中，由于棚室内湿度大，果面病害时有发生，采用化学方法防治，又会在果面形成药斑和增加农药残留量，严重影响果实商品性和安全性。为此，我们将果实套袋技术应用于设施厚皮甜瓜生产中，经多年试验和创新，取得了很好的效果，生产的甜瓜不仅果皮光洁，颜色鲜艳，商品性好，而且减少了农药污染，深受消费者欢迎，提质增效效果显著。

1. 适宜季节　设施厚皮甜瓜以春季早熟和秋季延迟栽培应用套袋技术为宜，越夏栽培果实套袋因袋内高温高湿易诱发病害，一般不宜采用。

2. 品种选择　设施甜瓜套袋后，因果实表面光照减弱，影响其光合作用和干物质积累，在一定程度上导致果实含糖量降低。因此，生产上最好选择含糖量高的光皮类型品种进行套袋栽培。网纹类型品种套袋后常因袋内高温高湿影响网纹形成，造成商品性下降，应慎用。

3. 套袋选择　袋子要求成本低、不易破损、对果实生长无不良影响，按材质分为纸袋和塑料袋两种。纸袋由新闻纸、硫酸纸、牛皮纸、旧报纸或套梨专用纸等做成，塑料袋多采用透明塑料袋。套袋大小可根据果实大小确定，以不影响果实生长为宜。使用前将制作或购买的套袋底部剪去一个角，使瓜体蒸腾的水分散失到空气中，避免袋内积水，以减少病害。一般白皮类型甜瓜对纸袋透光性要求不严格，各种类型套袋均可选用，而黄皮类型蜜瓜最好选用新闻纸、硫酸纸袋或透明塑料袋等透光性好的袋子，否则果皮颜色会变浅。

4. 套袋时间　套袋一般在甜瓜开花授粉后10天左右，即果实坐住后进行，此时果实大约长到鹅蛋大小。套袋过早，容易对幼瓜造成损伤，影响坐瓜；套袋过晚，套袋的作用和效果会降低。套袋前一天可在设施内均匀喷一遍保护广谱性杀菌剂。套袋应选择晴天上午10时以后，棚室内无露水、瓜面较干燥时进行，避免套袋后因袋内湿度过大引起病害发生。

5. **套袋方法**　应选择坐果节位合适（一般以第12～14节为好）、瓜形端正、没有病虫害的果实进行套袋。套袋前，应把瓜蒂上的残花摘除，以免残花被病菌侵染后感染果实。套袋时先用手将纸袋撑开，然后一手拿纸袋，一手拿瓜柄，把纸袋轻轻套在果实上，再用双手把袋口向里折叠并封口，用曲别针或嫁接夹等固定，以防袋子脱落。套袋时一定要小心谨慎，动作要柔，尽量不要损伤果实上的茸毛。套袋后在田间管理操作过程中应注意保护袋子，避免造成破损（图

图3-31　不同类型果袋套袋

3-31）。

6. **套袋后的管理** 甜瓜套袋后，果实因与外界隔离，不易感染病虫害，植保方面以保护叶片为主，一般在生长期喷洒各种复合杀菌剂即可。甜瓜生长期温度管理和水肥管理同常规。

7. **脱袋时间** 一般应在甜瓜成熟前5～7天脱去袋，以促进糖分积累。黄皮类型甜瓜品种最好在瓜成熟前7天左右脱去袋，以免影响果皮着色。含糖量较高的白皮品种，可在甜瓜成熟后随瓜一起摘下，待装箱时把袋脱去即可。

（十五）缓控释肥的应用技术

缓控释肥是一种以各种调控机制使其养分释放按照设定的模式（包括释放速率和持续有效释放时间）与作物对养分的吸收相同步，即与作物吸收养分的规律相一致的肥料。与一般肥料相比，这种新型肥料的养分释放速率较慢、释放期较长，在作物的整个生长期都可以满足作物生长需要，具有省时省力、增产增效、节能环保等优点（图3-32）。

图 3-32　缓控释肥

1. **施用技术** 将缓控释肥与测土配方施肥相结合，选择相近的肥料配方，就能更有效地利用土壤养分，既减少缓控释肥料用量，提高肥料利用率，又降低施肥成本。根据作物生育期长短选择不同释放周期的缓控释肥。也可使用"种肥同播"技术，即在作物播种时一次性将缓控释肥施下去，解决了农民朋友对作物需肥用量把握不准的问题，同时又省工、省时、省力。市场上缓控释肥控释期有70天、90天、120天，可根据作物生育期选择。

2. **施肥方法** 播种前按照推荐的专用包膜控释肥施用量一次性均匀撒施于地表，耕翻后种植，生长期内可以不再追肥。也可在播种或定植后，按照推荐的专用控释肥施用量一次性开沟基施于种（苗）侧部，注意种肥隔离，以免烧种或烧苗，种肥隔离应不小于10厘米（图3-33、图3-34）。

图3-33 缓控释肥撒施

图3-34 缓控释肥沟施

3. 注意事项

（1）要注意种（苗）肥隔离，以防止烧种、烧苗，作为底肥施用，注意覆土，防止养分流失。

（2）缓控释肥的养分释放速度和周期与土壤温度、湿度等因素有关，异常气候下出现脱肥时应及时追施速效氮肥，如尿素、硫铵。

（3）缓控释肥的施用量一定要结合当地种植结构及方式、常规用肥习惯进行推荐，常规用肥和缓控释肥总含氮量上不能相差太多。一般推荐施用氮含量在26%以上、磷达到8%～10%、钾达到10%～12%为宜。氮含量过低作物生长后期易脱肥。

（4）缓控释肥应早期使用，不宜后期追肥，且应足量使用，以免造成后期缺肥。

（十六）二氧化碳施肥技术

棚室是一个独立的生物小环境，在严寒期内由于覆盖严密，气密性高，内外气体交换较少，内部的二氧化碳状况有明显的不同。特别是在冬季，由于外界气温偏低，在不通风换气或少通风换气的情况下，二氧化碳就更为缺乏，严重影响叶片的光合生产能力。实践证明，设施栽培施用二氧化碳，不但可以提高产量，而且可以改善果实品质。在适宜的光、热、水等环境条件下施用二氧化碳，可提高秧苗质量，缩短苗龄7天左右。在生产期施用二氧化碳，前期产量可提高10%～30%，对提高品质有促进作用。

1. 二氧化碳施用方法　在生产上使用较多的是用简单容器以稀硫酸+碳酸氢铵反应法来制造二氧化碳。有条件还可以从汽水厂、酒厂等地购买或租用液化气钢瓶，向室内定量释放纯净的食用二氧化碳气体。

（1）化学分解法。取70%硫酸溶液，盛在大口的塑料桶中，硫酸面与塑料桶面相距20厘米以上，将盛硫酸的塑料桶均匀放置于温室内（每亩棚室放桶3～5只）。在温室外把碳酸氢铵分装好（每袋重250～300克），扎紧袋口，避免氨气挥发。选择晴天上午，将碳酸氢铵投入溶液中，注意要慢慢进行，以防大量液体溢出。这种方法安全性较低，如果硫酸或碳酸氢铵纯度不好，可能会产生二氧化硫等有毒气体危害叶片。最好使用二氧化碳发生器（图3-35、图3-36）。

图3-35　二氧化碳施肥装置　　　　图3-36　简易二氧化碳施肥设备

（2）燃烧法。使用专用的二氧化碳发生器，燃烧液化石油气或煤油。这种方法可控性、安全性和使用效果都好，但发生器成本较高。

（3）施用商品气肥。市场上二氧化碳气肥大致有两类：一种为袋装气肥，即用塑料袋分上、下两层分装填料，使用时让两种填料接触混合并在塑料袋指定位置打孔释放二氧化碳。另一种为固体颗粒，施用时埋入土壤中缓慢释放二氧化碳。施用商品气肥比较省事，但可控性最差，在不需要增施二氧化碳的时候不能停止，浪费较为严重。

2. 施用二氧化碳时的注意事项

（1）一般应在作物与土壤微生物呼吸放出的二氧化碳量不能满足植物需求的时候开始施用。通常在施完膨果肥以后开始为好。如果在果实膨大期之前开始施用，非常容易造成植株徒长。

（2）只有在较强的光照强度下，施用二氧化碳的效果才明显，所以，阴雨天不施。施用二氧化碳的理想时间是在日出后0.5~1小时，一般选在上午8~10时进行。一般在保护地内气温上升到30℃左右，开始通风前1小时停止施用。

（3）生长发育阶段不同，对二氧化碳的吸收量也不同。长季节收获时期长达6~10个月，植株在果实膨大期可达到二氧化碳吸收最高峰。

（4）施用二氧化碳时，要配合降低氮肥用量，降低夜温，提高白天气温（2℃左右），尽量增强光照等管理措施，才能更好地发挥二氧化碳促进生长的作用，同时防止植物发生徒长。

（5）要特别重视夜温管理，促使光合产物的运转。为此，施用二氧化碳的夜温管理为：前半夜（22~23时）温度为12~14℃，后半夜温度为8~10℃，可以使光合产物由叶片向根和果实运转，同时又可抑制过度呼吸消耗。

（十七）病毒病综合防治技术

病毒病主要表现有花叶型和蕨叶型两种类型。花叶型在叶片上首先出现明显的退绿斑点，后变为系统性斑驳花叶，斑纹深浅不一，叶面凸凹不平，叶片变小，畸形，植株顶端节间缩短，植株矮化，结果小而少，果面上有退绿色斑驳。发生蕨叶后，新叶狭长，皱缩扭曲，花器不发育，难以坐果，即使结果也容易出现畸形。果实发病，表面形成黄绿相间的斑驳，并有不规则突起，瓜瓤暗褐色，似烫熟状，有腐败气味，不能食用。郑州综合试验站在病虫害岗位专家的指导下，在通许县、开封县连续多年进行了病毒病综合防控技术的展示与示范，防治效果可达70%以上。

1. 种子消毒处理 播种或育苗前用55～60℃温水烫种20分钟，再用0.1%高锰酸钾溶液浸种30分钟，也可用10%磷酸三钠溶液浸种20分钟，用清水洗净后播种。

2. 定植时药剂处理 穴施蚜虱宁缓释片剂，具体做法为：定植穴开好后，每穴内放置1片，整个生长季不会发生蚜虫飞虱为害，切断了蚜虫飞虱的传播途径（图3-37）。

图3-37 穴施蚜虱宁缓释片剂防蚜虫

3. 田间物理防治措施

（1）银膜避蚜。利用银灰色对蚜虫的驱避作用，在瓜畦间覆盖银灰色的地膜（图3-38）。

（2）遮阴保湿。采用与高秆作物如玉米、棉花、辣椒等间作套种进行遮阴；利用在瓜行间撒麦秸、草等对地面保湿；高温干旱条件下，可以通过瓜行间灌水保持地面湿度（图3-39）。

图3-38 银膜避蚜　　　　　　　　　图3-39 遮阴保湿

4. 田间药剂防治措施 药剂防治采用"以保为主，先保后防"的原则，在发病前先喷药保护，再进行预防。在西瓜团棵期，病毒病发生前，用新奥苷肽800倍液或金病毒喷1 000倍液喷雾。喷药时要做到均匀、周到、细致，以后每10天喷药防治1次，连续2～3次。

（十八）生物防治技术

生物防治方法是应用有益生物控制有害生物的科学方法。广义的生物防治法是利用生物有机体或其代谢产物抑制有害动物、植物种群的繁衍滋长；狭义的则是指人们有限地引进或保护增殖寄生性昆虫、捕食性天敌和病原微生物等天敌，以抑制植物病、虫、杂草和有害动物种群繁衍滋长的技术方法。具体内容包括：“以虫治虫”“以菌治虫”“以菌治病”“生物治草”，以及利用其他有益动物治虫。通过引进和移殖外地天敌，保护、招引及助迁当地天敌，可开发人工大量繁殖释放天敌的途径与方法。其主要措施是保护和利用自然界害虫的天敌、繁殖优势天敌、发展性激素防治虫害等，是人类依靠科技进步和病虫草害做斗争的重要措施之一。

1. **以虫治虫技术**　利用自然界有益昆虫和人工释放的昆虫来控制害虫的为害，有寄生性天敌，如寄生蜂、寄生蝇、线虫、原生动物、微孢子虫；捕食性天敌，如瓢虫、草蛉、猎蝽、蜘蛛等，最成功的是人工释放赤眼蜂防治玉米螟技术广泛应用（图3-40）。

图3-40　以虫治虫

2. **以菌治虫技术**　利用自然界微生物来消灭害虫，有细菌、真菌等，如苏云金杆菌、白僵菌、绿僵菌、颗粒体病毒、核型多角体病毒，白僵菌和苏云金杆菌应用较广。

3. **以菌治菌技术**　利用微生物在代谢中产生的抗生素来消灭病菌，如赤霉素、春雷霉素、阿维菌素、多抗霉素等生物抗生素农药已广泛应用。

4. **性信息素治虫技术**　用同类昆虫的雌性激素来诱杀害虫的雄虫，如玉米螟性诱剂、小菜蛾性诱剂、李小食心虫性诱剂等（图3-41）。

5. **以菌治草技术**　利用病原微生物防治杂草的技术，如用鲁保一号防治大豆菟丝子，用炭疽菌防治水田杂草等。

图3-41　性信息素治虫

6. **植物性杀虫、杀菌技术是新兴的技术**

（1）光活化素类是利用一些植物次生物质在光照下对害虫、病菌的毒效作用，用它们制成光活化农药，是一类新型的无公害农药。

（2）印楝素是一类高度氧化的柠檬酸，从印楝种子中分离出活性物质，具有杀虫成分，是世界公认的理想的杀虫植物，对400余种昆虫具有拒食、绝育等作用，我国已研制出0.3%印楝素乳油杀虫剂。

（3）精油就是植物组织中的水蒸气蒸馏成分，具有植物的特征气味、较高的折光率等特性，对昆虫具有引诱、杀卵、影响昆虫生长发育等作用，也是一种新型的无公害生物农药。

（十九）高温闷棚防病技术

近年来，随着保护地西瓜、甜瓜连年栽培以及盲目施肥和不科学管理等诸多原因，造成土壤中真菌（如镰刀菌、疫霉菌、轮枝菌等）、细菌（如青枯菌、欧氏杆菌等）、根结线虫、地下害虫（如蛴螬、金针虫等）等病虫害发生越来越严重，给大棚户带来了很大的危害。在棚室换茬之季，即7～9月高温季节，采用高温闷棚技术，既能熟化土壤，增加有机质含量，改善土壤结构，又可灭除由于连作而引发的致病病菌及地下害虫，增产和提质效果显著。这种方法成本低，污染小，操作简单，效果好，对降解土壤中的肥料残留、药物残留和重金属残留具有明显作用，可为实现生产无公害、绿色食品创造有利条件。

1. 闷棚前的准备　棚内拉完秧以后，把地面上的枯枝败叶全部清理干净，以带走枝叶上的病原菌及虫卵，然后关闭上下风口，检查棚体的薄膜是否有漏洞跑温的地方。

2. 整地施肥　地要整平、整细，并结合整地施肥，以杀死有机肥中的病菌。施有机肥如鸡粪、猪粪、牛粪等，或利用植物秸秆如玉米秆、稻草（切成3～5厘米长小段），如果加入植物秸秆的话，每亩相应增施15～20千克尿素，因为秸秆在腐熟分解的过程中需要消耗一定量的氮素，有机肥亩用量3 000～5 000千克，均匀撒施在土壤表面，然后深翻25～30厘米。有机肥如鸡粪、干牛粪等，有提高地温和维持地温的作用，使杀菌效果更好。地整好后，再按照作物的种植方式起垄或做成高低畦，这样可使地膜与地面之间形成一个小空间，有利于提高地温。

3. 灌水　大棚四周做坝，灌水，水面最好高出地面3～5厘米，有条件的覆盖旧薄膜，要关好大棚风口，盖好大棚膜，防止雨水进入，严格保持大棚的密闭性，使地表以下10厘米温度达到70℃以上，地表以下20厘米地温达到45℃以上，达到灭菌杀虫的效果。土壤的含水量与杀菌效果密切相关，土壤含水量过高，对于提高地温不利；土壤含水量过低，又达不到较好的杀菌效果。实践证明，土壤含水量达到田间持水量的60%～65%时效果最好（图3-42）。

图3-42　灌水

4. 密闭大棚 用大棚膜和地膜进行双层覆盖，周遭一定要用土压严压实，严格保持大棚的密闭性，防止薄膜破损泄露热气并降低温度，以免降低熏蒸效果（为了验证膜下温度，也可以在双膜下放置一个空矿泉水瓶子）。在这样的条件下处理，地表以下10厘米处土

图3-43 覆膜闷棚

壤最高地温可达70～75℃，地表以下20厘米的地温可达45℃以上，这样高的地温杀菌率可达80%以上，同时这样的高温足以把以前放置的矿泉水瓶子晒得皱缩为一团（图3-43）。

5. 闷棚方式

（1）干闷。棚内拉完秧以后，把地面上的枯枝败叶全部清理干净，以带走枝叶上的病原菌及虫卵，不用浇水，然后关闭上下风口，直接闷棚。

（2）湿闷。棚内清理完植株以后，旋过起垄，起完垄以后，直接在垄上铺上滴灌管，浇足水，铺上地膜，然后开始进行闷棚。

（3）干闷和湿闷结合。在植株收获完后先直接进行干闷。在起完垄以后，在垄沟内浇足水，垄上铺上滴灌管，浇足水，然后覆上薄膜，再进行湿闷。通过棚内的高温高湿，达到土层内及空气中的消毒灭菌效果。通过干闷和湿闷相结合，可以更好地达到闷棚的效果。

6. 闷棚时间 绝大多数病菌不耐高温，经过很短时间的热处理（一般为10天左右）即可被杀死，如一些立枯病病菌、菌核病病菌、疫病病菌等。但是也有的病菌特别耐高温，如根腐病病菌、枯萎病病菌等一些深根性土传染菌，由于其分布的土层深，必须处理20～40天才能达到较好效果，闷棚的时间越长越好。因此，进行土壤消毒时，不但要结合不同的作物进行不同程度的土壤深翻，而且还应根据棚内

所种作物及其相应病菌的抗热能力来确定消毒时间的长短。

7. 土壤消毒后的处理

（1）在高温闷棚后必须增施生物菌肥，因为在高温状态下，土壤中无论是有害菌还是有益菌都将被杀死，如果不增施生物菌肥，那么西瓜、甜瓜定植后若遇病菌侵袭，则无有益菌缓冲或控制病害发展，西瓜、甜瓜很可能会发生大面积病害，特别是根部病害，因此，在西瓜、甜瓜定植前按每亩80~120千克的生物菌肥用量均匀地施入定植穴中，再用工具把肥和土壤拌匀后定植作物，以保护根际环境，增强植株的抗病能力。

（2）太阳热消毒对不超过15厘米深的土壤效果最好，对超过20厘米深的土壤消毒效果较差，因此，土壤消毒后最好不要再耕翻，即使耕翻也应局限于10厘米的深度。否则，会将下面土壤的病菌翻上来，发生再污染。太阳热消毒法虽不能对大棚进行彻底灭菌，可是却能大幅度降低田间的病菌密度，大大减少作物发病的机会，其消毒效果能持续2年，所以对大棚可以2年消毒1次。

（3）因为土壤中伴有农家肥等有机肥，在高温发酵的过程中会产生大量的氨气，所以应当在揭膜通风5~7天后再定植作物，以防产生气体为害。

8. 注意事项　高温闷棚前千万不要随翻地施入生物菌肥。因为夏季闷棚时的温度常可达到70℃以上，这么高的温度，很容易将生物菌杀死。因此，生物菌肥应在高温闷棚后施入。

（二十）土壤深翻防病技术

土壤是作物生长发育的基地，是高产优质的基础性条件。深耕是一项改良土壤的重要措施。在深耕的基础上，结合施用大量有机肥料，改善排灌条件可以创造出良好的土壤。深耕还可将根茬翻入土壤深层，清洁田园，减少植物根系与病原菌的联系，利用土埋和暴露病源在自然温度和干燥条件下提高病原菌的死亡率，减少病虫侵染，提高西瓜、甜瓜产量。同时，经过深耕晒垡或冬耕冻土，可以改善土壤的理化性质，达到疏松柔软、提高通透性的目的。

1. **深翻深度**　深翻整地主要是在进行土壤整理时加深土层的耕耘深度，以增加土壤的保墒保水能力。在深度选择时需要按照地块类型、整地目的进行因地制宜的深度选择。一般情况下，以深翻土地25～30厘米、深翻种植沟35～45厘米为最佳。

2. **深翻时间**　一般在9～12月，秋季作物收获后，在霜降前后（封冻、封地前）除去前茬作物的病残体，进行整地时需要对土地进行深翻处理，以帮助土壤存贮秋季和冬季的雨水和雪水，提高土壤的御寒效果。经冬季冻晒，多积雨雪，土壤风化、分解，病虫害减少。增加了土壤的透气性，有利于西瓜根系的发育和产量的提高。

3. **深翻方式**　抓住当前冬季土壤闲置的时间，用深耕犁进行土壤深翻，耕地深度最好达到35～40厘米，深翻后不要耙平，让土壤进行长期裸露冻晒，这样经过一段时间，基本上可以杀灭土壤中的病菌。直到种植前10天再进行一次性旋耕耙平。

4. **机具要求**　一般要求以36千瓦以上拖拉机为动力，配置相应深翻机具进行，深翻机械有单独的深松机，也可在综合复式作业机上安装深松部件，或在中耕机加上安装深松铲进行作业。

5. **深翻要点**　深翻主要根据土壤情况进行处理，对于含水量小的土壤在进行深翻作业时效果会比较差，易导致大的土块和深翻沟等情况的出现。对于不同土质，深翻不同墒情就不同。深翻作业是有周期性的，周期与深翻年限、土壤土质和耕作制度相关，如果为一年两茬作物，深翻的周期需短一些（图3-44）。

图3-44　土壤深翻

6. **注意事项**

（1）耕层逐步加深，不可操之过急。

（2）增施有机肥料，缺乏有机肥料时，加深耕层往往会导致减产。

（二十一）硫黄熏蒸防病技术

温室大棚通风条件差，室内空气湿度大，使得室内病害的发生量急剧增加。为了控制病害，又不得不频繁地喷施各种农药，大量、频繁地使用农药会使室内病菌产生抗药性，导致用药的防治效果越来越差。硫黄蒸发器的出现很好地解决了这个问题，它的工作原理是将高纯度的硫黄粉末用电阻丝或灯泡加热直接升华成气态硫，均匀分布于密封的温室大棚内，抑制室内空气中及作物表面病虫的生长发育，同时在作物的各个部位形成一层均匀的保护膜，可以起到杀死和防止病原菌侵入的作用。

1. 使用数量　熏蒸器有效熏蒸距离为6～8米，覆盖范围60～100平方米，田间使用时熏蒸器间距可设为12～16米。每亩放熏蒸器5～8个，每次用硫黄20～40克。硫黄投放量不要超过钵体的2/3，以免沸腾溢出。

2. 悬挂高度　悬挂高度距地面1.5米。熏蒸器在这个高度时硫黄粒子在水平靶标背面的沉积密度相对较高，有利于作用于靶标作物叶片背面的病原菌。熏蒸器不能距棚膜太近，以免棚膜受损。一般建议在熏蒸器上方40～60厘米高度设置直径不超过1米的遮挡物。

3. 悬挂位置　位置距后墙3～4米。受重力影响，距离熏蒸器1～3米处沉积的硫黄粒子多，随着距离的增大，沉积的粒子密度变小。棚室南北跨度一般为8米，因此将熏蒸器放在棚内中间位置将有利于硫黄粒子的扩散。一般每隔10～16米挂1个，既无盲区，也无重复覆盖区。

4. 硫黄熏蒸时间　一般用作发病前的预防和发病初期的防治，一般每次不超过4小时，熏蒸时间为18~22时。选择这个时间段熏蒸，既可保证人员安全，又能实现全棚密闭，还可以避开中午气温较高时段对作物造成药害。熏蒸结束后，保持棚室密闭5小时以上，再进行通风换气。

5. 注意事项

（1）硫黄熏蒸器的安装与使用，应当在冬季闭棚期间应用，放风过度的棚室不适宜采用。

（2）硫黄熏蒸器的使用，应当在棚室内病害较轻时开始使用，结合用药，治疗病害。

（3）安装距离为8～10米，间距不可过大，否则影响病害防治效果。

（4）硫黄熏蒸器安装时，应距棚面不小于1米，以防止硫黄老化棚膜，可在硫黄熏蒸器上方的棚膜处加盖挡板，以保护棚膜（图3-45）。

（5）每天使用时间为3～4个小时，关闭电源后，应闭棚5小时以上，才能起到较好的杀菌效果。生产后期，叶片自然老化情况较重，应适当缩短使用时间，不可过长，否

图3-45　硫黄熏蒸

则易引起叶片老化。可定期叶面喷施叶面肥，缓解老化症状。

（6）为减少投入，可2个棚室共用一组硫黄熏蒸器，但要做好防漏电的保护措施。

（7）棚室内电线和控制开关应有防潮和漏电保护功能，安装位置应高于地面1.8米，避免碰及操作人员。

（二十二）高锰酸钾防病技术

锰是作物必需的中微量元素之一，农作物缺锰时少量施用高锰酸钾有防止缺锰的作用，但用量不能太大，锰多了农作物会受到毒害。钾是作物所需要的三大营养元素之一，少量施用高锰酸钾，于补钾没有多少意义。高锰酸钾是一种强氧化还原剂，对多种致病真菌、细菌、病毒等都有杀灭效果，可防治茄果类苗期猝倒病、瓜菜类白粉病、枯萎病等病害，同时，用高锰酸钾又能补充作物所需的锰、钾两种营养元素，可提高瓜类产量，具有肥药双重作用（图3-46至图3-48）。

图 3-46　高锰酸钾药剂

图 3-47　高锰酸钾棚室消毒

图 3-48　高锰酸钾土壤消毒

1. 土壤处理　在播种前，用高锰酸钾500～800倍液喷雾处理土壤，可有效预防枯萎病的发生。

2. 浸种　种子用高锰酸钾1 000倍液浸泡8～10小时，可预防枯萎病。用高锰酸钾溶液浸种后，须用清水将种子冲洗干净，才能催芽播种。

3. 喷雾　瓜类蔬菜出苗后每隔7～10天用高锰酸钾800～1 000倍液喷雾，连喷3次，猝倒病发病率可控制在5%以下。

4. 灌根　在西瓜幼苗期和伸蔓期用高锰酸钾500～800倍液灌根，每次每株约灌250毫升，可将枯萎病发病株率控制在0.5%以下；田间西瓜枯萎病开始发生时，立即用高锰酸钾500～800倍液灌根，也有较好效果。

5. 注意事项

（1）称量要十分准确，防止溶液浓度过大或过小，浓度过小效果不好，浓度过大会对农作物产生药害。

（2）用清洁水配制药液，不用脏水、污水配制药液，也不能用热水配制药液，以免降低杀菌效果。

（3）随配随用，不可久置。喷药后及时清洗药械，否则可能毁损药械。

（4）高锰酸钾溶液不可与其他农药混合施用，配制高锰酸钾溶液时，用清水即可，不可用热水，随用随配，不可久放。

（5）喷雾或灌根都要在发病初期进行，喷雾要在9时左右或16时以后进行。

（6）幼苗叶前喷药，要在喷药5分钟后及时用清水冲洗。幼苗期要用低浓度溶液，成株期用高浓度溶液。

（7）在喷药后及时用清水冲药物器械，以免被氧化腐蚀。

（二十三）石灰氮土壤消毒技术

石灰氮遇水分解而产生的氰胺和双氰胺等氢氰化物具有抑制或杀灭病菌、线虫和杂草种子的作用。石灰氮中的副成分氧化钙遇水放热，夏季用棚膜保温，白天地表温度可达65～70℃，地表以下10厘米以内地温在50℃以上，地表以下20厘米地温可超过45℃，此状态持续20～30天，可有效防治地下害虫、根结线虫和杂草，以及青枯病、立枯病、根肿病等土传病害，并可减缓连作障碍影响，还具有补充氮和钙肥、促进有机物的腐熟、改善土壤结构、降低硝酸盐含量等作用。

1. **撒施石灰氮**　清理地块，将棚室内边脚的土壤铲向中间，每亩用700～1 000千克未完全腐熟的有机物均匀撒于地表，然后均匀撒施石灰氮，亩用量60～80千克（图3-49）。

2. **深翻做畦**　将有机物和石灰氮深翻入土壤，深度30厘米。翻耕要均匀，以增加石灰氮与土

图3-49　撒施石灰氮

壤颗粒接触面积。做高畦增加土壤表面积，利于快速提高地温，延长土壤高温持续时间。

3. 密封和灌水　用完好、透明的塑料薄膜将土壤表面密封。从薄膜下往畦内灌水，直至畦面湿透为止。保水性能差的地块可再灌水1次，但地面不能一直有积水（图3-50）。

4. 封闭和通风　将大棚完全封闭，出入口、灌水沟口不要漏风（图3-51）。晴天时，地表以下20~30厘米的土层温度能长时间保持40~50℃，地表温度可达70℃以上，持续20天左右后打开通风口，揭开地面薄膜，翻耕土壤，7~14天后进行定植。

图3-50　撒施石灰氮后灌水

图3-51　撒施石灰氮后覆膜密闭

5. 注意问题

（1）病害较严重的地块，石灰氮和有机物使用量取上限；为发挥石灰氮分解过程中中间产物杀虫灭菌作用，应使土壤和石灰氮充分混合；保持土壤中有足够水分，保水性差的地块在处理过程中补充适量水分；处理过程中如遇连续阴天或下雨，应适当延长处理天数。

（2）使用石灰氮必须掌握正确方法，使用不当易产生药害肥害，必须在规定等待天数后方可播种或定植。

（3）由于石灰氮分解产生的氰胺对人体有害，使用时应特别注意安全防护。石灰氮为碱性，因此不宜与硫酸铵、过磷酸钙等酸性肥料混合施用。

（二十四）土壤连作障碍的克服技术

土壤连作障碍的实质是农作物连茬种植引起土壤微观生态系统发生了两个方面的异常变化：一是土壤中的微生物区系异常，土壤原有的微生物生态平衡被打破，导致作物土传病害发生。二是土壤化学物质异常：作物释放有害物质；营养不平衡；作物残体腐解后向土壤中释放有害成分；土壤表层盐分累积。本技术坚持"防在先，治在后"的原则，集成以栽培抗病品种和培育无病壮苗为基础的综合防治技术体系。该技术体系可使整个生长发育期的农药和化肥用量减少70%，病害发生率降低80%。

1. 选种　选用适合当地栽培的抗病的西瓜、甜瓜品种。

2. 培育壮苗

（1）催芽。①强光晒种。春季选择晴好无风天气，将种子摊在席或纸等物体上，厚度不超过1厘米，在阳光下暴晒，每隔2小时翻动1次，使其受光均匀。晒种除可杀菌外，还可促进种子后熟，增强种子活力，提高发芽势和发芽率。②药剂消毒。用500倍10%抗菌剂401溶液浸种30分钟，捞出后用清水冲洗5分钟，再转入清水中浸种4～6小时，催芽。

（2）育苗。在25～32℃的常温下催芽，约36小时即可出芽。苗床可用50%的多菌灵800倍液喷雾处理。播种后及时覆盖地膜，75%出土后及时揭开覆盖物，温度白天控制在25～32℃，夜晚14～17℃，不低于12℃。确保幼苗无病、健壮。

3. 调节土壤中微生物区系

（1）高温闷棚。在西瓜、甜瓜收获后的高温季节，彻底清洁田园，灌足水分，然后在地面上覆盖薄膜，盖严大棚膜，利用日光暴晒加热土壤，杀灭病菌或抑制镰刀菌萌发。

（2）轮作、填闲非寄主作物。西瓜、甜瓜属深根性作物，可与白菜类、绿叶菜类、葱蒜类等浅根性作物进行轮作、填闲。

（3）增施微生物菌肥。微生物菌肥是一种缓释、长效、高能的肥料，经再增殖后含有大量的固氮菌，可以大大提高土壤中的中微量元素含量，增加土壤有机质，激发土壤活力，抑制土壤中的真菌数量，从根本上减少农药的使用量。

（4）在根区土壤中接种生防菌活菌制剂。在人类已发现的近万种有抗菌活性的化合物中，有70%是微生物产生的，微生物产生的抗生素中有70%是放线菌产生的，放线菌产生的抗生素中，有70%是由链霉菌产生的。将菌剂拌土，在西瓜苗侧边用小棍垂直打洞，将菌剂灌入，浇水，可使发病根系在3周左右恢复生长。

4.平衡土壤中化学物质

（1）控施氮肥、合理施用硅钙肥。由于镰刀菌适宜弱酸环境，酸性土壤利于发病，硅钙肥是一种以硅酸钙为主的微碱性肥料，是很好的调节性肥料。施用硅钙肥对缺素症状有很好的缓解作用。硅钙肥可以减轻甚至消除病虫害和污染。

（2）增施有机肥。有机肥主要指农家肥，它可以有效地改善土壤理化性质，为作物的生长提供良好的土壤条件。

5.药剂防治

（1）土壤消毒。土壤消毒是一种高效快速杀灭土壤中真菌、细菌、线虫、杂草、土传病毒、地下害虫、啮齿动物的技术，能很好地解决高附加值作物的重茬问题，并显著提高作物的产量和品质。较好的土壤消毒剂有棉隆、次氯酸钠。

（2）药剂灌根。灌根药剂种类有25%使百克乳油、50%多霉灵可湿性粉剂、70%噁霉灵可湿性粉剂、50%扑海因可湿性粉剂。药剂兑水配制成1 500倍药液，在西瓜、甜瓜伸蔓期至成熟期，每2～3周用药1次，灌根。根据土壤理化性质、连作年限、栽培方式、药剂特性等因素确定用药间隔期。1个生长季节内使用1种药剂最好不超过2次，应轮换使用不同药剂（图3-52）。

图3-52　药剂灌根

6. 其他措施

（1）"水肥菌"一体化管理技术。在水肥菌一体化管理条件下，改传统的灌水、施肥分别作业为水肥菌施入同步作业，施肥量减少50%时产量不减；在同步施入菌剂的情况下，使菌、肥、水的作用相互促进（图3-53）。

图 3-53　根施生物菌剂

（2）嫁接。嫁接可有效预防枯萎病等土传病害。重点为砧木的选择和嫁接后的管理，以提高嫁接苗成活率。嫁接后1~3天白天温度控制在22~30℃，夜间18~23℃，空气相对湿度95%以上，第3天就可以适当见光，以后适当延长光照时间，7天后嫁接苗基本成活，及时摘除砧木不定芽（图3-54）。

（3）轮作防病。可与大蒜、茼蒿等作物轮作防病

图 3-54　嫁接防病

（图3-55）。

图 3-55　与大蒜、茼蒿等作物轮作防病

（4）无土栽培。①栽培设施类型多采用盆栽或栽培槽的形式。盆栽一般选择上口径和盆高均在45厘米以上的大盆。栽培槽下铺设0.1毫米厚的聚乙烯塑料薄膜，与地面隔离。在栽培槽底部加入厚5厘米、粒径1～2厘米的粗炉渣、石砾、陶粒等粗基质。粗基质上铺一层编织布，将粗基质与栽培基质隔离，在编织布上

图 3-56　无土栽培

铺入栽培基质。②栽培基质分2种：一是有机基质，可因地制宜，就地取材，如玉米秸、玉米芯、锯末、麦糠、菇渣、炉渣、鸡粪等。有机物基质使用前必须经过充分发酵。二是无机基质，为了调整基质的物理性能，可加入一定量的无机基质如珍珠岩、蛭石、炉渣、沙等。基质配方一般有机基质占总体积的50%～70%，无机基质占30%～50%。养分供给用固态有机无机复混肥或有机肥简易营养液，穴施或随水冲施。

（二十五）细菌性果斑病综合防控技术

细菌性果斑病（BFB）是当前西瓜、甜瓜最重要的毁灭性病害，其病原菌为西瓜嗜酸菌（*Acidovorax citrulli*，Ac），在我国西瓜、甜瓜生产及制种地均有发生，并呈上升趋势，给西瓜、甜瓜生产及制种带来巨大损失。为了加强西瓜、甜瓜细菌性果斑病防控技术，特整理总结西瓜、甜瓜种传细菌性果斑病综合防控技术如下（图3-57、图3-58）。

图 3-57　细菌性果斑病为害叶片症状

图 3-58　细菌性果斑病为害果实症状

1. 种子消毒处理　直播的西瓜、甜瓜种子或用于培育嫁接苗的砧木和接穗的种子都要进行药剂消毒处理。具体方法是：用72%硫酸链霉素1 000倍液浸种60分钟后催芽播种，或用40%的福尔马林200倍液浸种30分钟，或1%的盐酸浸种5分钟，或以1%次氯酸钙浸种15分钟后，紧接着用清水浸泡5~6次，每次30分钟，再催芽播种。药剂浓度和浸种时间一定要把握好，并对没有处理过的种子进行少量处理，以免大量处理种子时出现药害。

2. 幼苗期防治 在出苗后，可用2%春雷霉素500倍液，或2%春雷霉素500倍+农用硫酸链霉素3000倍液进行预防保护，每隔7~15天喷雾1次。幼苗发病初期，用50%氯溴异氰尿酸水溶性粉剂（消菌灵）800倍液，或200毫克/千克的新植霉素，或72%农用硫酸链霉素1500倍液，或3%中生菌素可湿性粉剂500倍液喷雾。也可使用53.8%氢氧化铜干悬浮剂（可杀得）800倍液，或77%可杀得微粒粉剂1000倍液，或47%春·王铜可湿性粉剂800倍液喷雾。喷药时应做到均匀、周到、细致（叶片背面也需喷）。每隔7天用药1次，连续用药3~4次。

3. 成株期处理 发病初期可使用幼苗期使用的农药进行喷雾防控，但要注意西瓜、甜瓜幼果对铜制剂（如可杀得、加瑞农）敏感，应注意控制使用浓度。

4. 田间管理 及时清除病残体；应用地膜覆盖和滴灌设施，降低田间湿度和避免灌水传染；适时进行整枝、打杈，保证植株间通风透光；合理增施有机肥，可以提高植株生长势，增强抗病能力；发现病株，及时清除；禁止将发病田中用过的工具拿到无病田中使用。

（二十六）重要害虫综合防控技术

遵从"预防为主，综合防治"的原则，采取以培育无虫净苗为基础，防虫网和悬挂黄板为关键物理防控技术，定植前药剂灌根预防性处理和生育期适期用药等相结合的综合防控技术。该技术实用、高效，综合防控区对重要害虫烟粉虱、蓟马、蚜虫等的防效可达90%上，防效显著，尤其是秋季西瓜、甜瓜棚内对烟粉虱的防治效果显著优于周边其他农户的常规防治棚。作物生长期内化学杀虫剂的使用量减少90%以上，保障了作物的高产和产品安全，适用于全国所有西瓜、甜瓜种植地区，尤其是设施西瓜、甜瓜小型害虫常发地区。

1. 培育无虫苗 育苗前彻底清理苗房，做到无杂草、无自生苗或残枝落叶，棚室内避免混栽育苗，切忌在有生长期植株的棚室内育苗，防止害虫侵染瓜苗。育苗棚可用敌敌畏烟剂密闭熏烟杀灭零星或残余虫口，高温季节可在地面覆盖薄膜进行高温闷棚。同时，在育苗瓜棚和生产棚的通风口和门窗处均要安装40～60筛目防虫网，棚内悬挂黄色粘虫板。

2. 定植预防处理 棚室栽培通风口和门窗处覆盖60筛目防虫网，及时清理残株败叶、杂草和自生苗。幼苗定植前可采用内吸杀虫剂25％噻虫嗪水分散粒剂3 000倍液或10％溴氰虫酰胺可分散油悬浮剂1 000倍液进行穴盘喷淋或蘸根，也可选择在幼苗定植后灌根处理（30～50毫

图3-59 防虫网防虫

升/株），可预防和压低粉虱、蚜虫、蓟马、斑潜蝇等刺吸式口器害虫的种群发生基数，防效可达1个多月（图3-59）。

3. 黄、蓝板监测及诱杀 幼苗定植后即悬挂黄色或蓝色粘虫板，黄板下沿稍高于植株上部叶片，并随植株生长进行调整，可监测蚜虫、斑潜蝇、粉虱、蓟马等害虫的零星发生，也可起到诱杀成虫的作用。释放寄生蜂进行生物防治时可选择取下黄板或蓝板。

4. 发生期防治

（1）物理防治。利用生物的趋光性诱集并消灭害虫，从而防治害虫和虫媒病害。灯光诱虫专门诱杀害虫的成虫，降低害虫基数，使害虫的密度和落卵量大幅度降低，特别是对鳞翅目害虫防治效果较好（图3-60）。

（2）生物防治。害虫种群数量低时，可以采用生物防治。如在叶螨为优势为害种类的棚室内，选择释放智利小植绥螨，可有效控制害螨种群。在以粉虱类为害为主的棚室栽培中，可释放丽蚜小蜂；蚜

图3-60 杀虫灯诱虫

图3-61 释放蚜茧蜂防治蚜虫

虫类可释放捕虫螨、蚜茧蜂等（图3-61）。

（3）化学防治。早期施药是化学防治成功的关键。在蚜虫、粉虱等害虫数量较少、发生株率在5%~10%时及时进行防治，可选用噻虫嗪、啶虫脒、螺虫乙酯等药剂，对于产生抗药性的蚜虫及烟粉虱，可选择喷施氟啶虫胺腈、呋虫胺等；以蓟马为害为主的田块可选择

图3-62 药剂诱杀害虫

乙基多杀菌素、溴虫腈、甲维盐、噻虫嗪等药剂；防治叶螨可选择联苯肼酯、乙螨唑等；斑潜蝇对阿维菌素抗性较高，可选择灭蝇胺进行防治，并注意轮换用药（图3-62）。

（4）棚室熏烟防治。棚室内害虫种群数量大时，可采用熏烟防治法。可选用22%敌敌畏烟剂250克/亩，或20%异丙威烟剂250克/亩等，在傍晚收工时将棚室密闭，把烟剂分成几份点燃以熏烟杀灭成虫。需要注意的是，必须严格按照烟剂推荐剂量使用，不可随意增施药量（图3-63）。

图 3-63　烟熏剂防虫

（二十七）棉隆土壤消毒技术

棉隆施用于潮湿的土壤中时，会产生一种异硫酸钾气体，迅速扩散至土壤颗粒间，有效杀灭土壤中的各种线虫、病原菌（真菌和细菌）、地下害虫及一年生杂草种子等，从而达到清洁土壤的效果，适用于多年连茬种植作物的土壤消毒，是新型、高效、低毒、无残留的环保型广谱性综合土壤熏蒸消毒剂。

1. **整地**　施药前，一定要对土壤进行深翻，一般翻地深度以30厘米为宜。为达到这个深度，最好先用人工深翻1遍，然后再用打地机耕翻2~3遍，以使土壤颗料细小而均匀。

2. **保持土壤湿度**　施药前要求土壤湿度要适中，以相对湿度50%~70%为宜，一般以手捏成团掉地后散开为标准。如果土壤湿度太小，一是不利于棉隆的颗粒完全分解；二是不利于旋耕机将土壤打匀。土壤湿度适中能促使线虫和病原菌及草籽萌动，也就更容易被棉隆气体杀死。当然，湿度也不能太大，否则不利于棉隆气体在土壤颗粒间流动。因此，整地前一定要查看土壤湿度，若发现棚地过于干旱，应及时浇上一水。

3. **施药**　耕翻过棚地后，可根据棚内土传病害和根结线虫发生的轻重均匀地将棉隆撒施在棚地上，每处用量30~45克/米^2，然后再用旋耕机耕翻均匀，混土深度为30厘米左右。注意在用药时，棚内的立柱周围和边角一定要用药到位，以防消毒不彻底，留下后患。一般鸡粪、稻壳粪等农家肥一定要提前施入棚地，随土壤一起消毒杀菌为好。但生物菌肥切忌一同施入，因为棉隆是灭生性的，无论是有益菌还是有害菌都可被其杀死。

4. 密封消毒　施药后，立即用薄膜覆盖地面，并将薄膜的四周压严，密封25～30天。注意薄膜不能有破损，最好使用新膜，密封用塑料膜厚度不要低于0.06毫米，以防漏气降低消毒效果。从开始施药到盖膜结束的时间越短越好，最好在2～3小时内完成，以减少有效成分挥发（图3-64）。

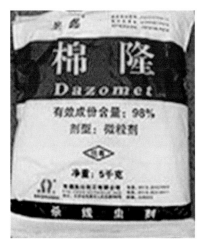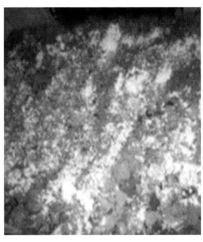

图3-64　棉隆土壤消毒

5. 揭膜敞气　消毒完成后，可揭去薄膜，打开通风口，并按30厘米深度松翻土，松土透风7～10天，在确保无残害气害时方可定植。若不放心，可取土做安全发芽试验，安全后再行定植。

6. 注意事项

（1）施用土壤后受土壤温度、湿度以及土壤结构影响较大，使用时土壤温度应高于12℃，以12～30℃为宜，土壤相对湿度大于40%（湿度以手捏土能成团，1米高度掉地后散开为标准）。

（2）夏季施药要避开高温，以早上9时前，下午4时后为宜。

（3）两茬作物种植区，在种植第二茬前应该避免使用未腐熟的农家肥或将农家肥消毒后再施用。

（4）为避免土壤受二次感染，农家肥（鸡粪等）一定要在消毒前加入。

（二十八）根结线虫综合防控技术

根结线虫主要为害根部，引致根系上形成大小不等的根结。严重发病时侧根上形成大量根结，整个根呈不规则状肿大，根小而少，须根减少明显，有的还伴随着根腐症状。重病株地上部表现症状为生长发育不良，植株矮小，直至萎蔫（图3-65、图3-66）。

图 3-65　根结线虫为害症状

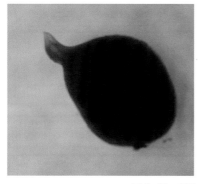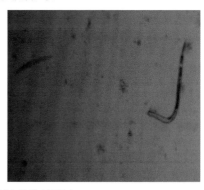

图 3-66　根结线虫的雌虫和雄虫

1. **轮作** 一般与小麦、玉米或葱、韭菜、辣椒、水稻等实行3年以上的轮作，重病田灌水20～25厘米，持续20～30天，可使线虫缺氧窒息而死。

2. **冬季冻垄** 前茬作物收获后，及时深翻土壤，利用冬季低温加上冬灌，可冻死部分线虫，减轻为害。

3. **促进发育，提高瓜苗抵抗力** 在生长期可用碧护10 000~15 000倍液或硕丰4 812 000倍液喷施作用提高生长势；土施具有防治线虫的微生态菌剂，每亩2～5千克，促进根系发育，抑制线虫侵染。

4. **日光消毒** 在6～8月高温季节，翻耕浇灌覆膜（或直接进行翻耕）晒田，使膜下20～25厘米土层温度升高至45～48℃，甚至50～60℃，加之高湿（相对湿度90%～100%），该方法操作简便、成本低、杀灭线虫效果好。

5. **药剂科学防治**

（1）棉隆。在温室、大棚休闲期，将98%棉隆颗粒剂按20～30克/米²的用量均匀撒施到土壤表面，用耙子将其与土壤混合均匀，然后在土壤表面洒水，盖上塑料薄膜，4周后揭膜、散气、整地移栽。也可撒药后立即翻动土壤至20厘米深，盖膜密封，灌水，7～10天后揭膜、松土1～2次，7～10天后即可定植瓜苗。

（2）威百亩。在温室、大棚休闲期，将35%威百亩水剂200～300倍液施入沟内并覆土覆膜，每亩制剂用药量4～6千克，熏蒸7～15天后揭膜，翻耕透气1周后种植。

（3）噻唑膦。土地深翻整好后，每亩使用10%噻唑膦2～3千克，配细土10千克，均匀撒施于地面。然后翻至10～15厘米土壤中，耙平后定植作物。根结线虫发生特别严重的棚室每亩施药量增加到3千克。为保证防治效果，必须是施药当天定植作物，撒施3天后定植，防治效果不明显。

（4）阿维菌素。定植前，用0.5%阿维菌素颗粒剂进行土壤处理，亩用量2～3.5千克，或用1.8%阿维菌素乳油2 000倍液定植后灌根2次，每5～7天1次。

（5）氟吡菌酰胺。定植后3～7天灌根，用41.7%氟吡菌酰胺灌根，药量0.03毫升/株，兑水量400~500毫升。每棵灌溉水量要足，浇灌时让药液均匀分布在根系的周围，绕根系1周，不要让药液接触作物叶片。在根结线虫病发生的中后期也可用该药补救，用法与用量同上。

（二十九）棚室消毒技术

由于大棚不易搬迁，加上轮作不合理或者连作，致使在土壤中、架材上、棚室墙壁上都有大量的病原菌，造成某些病虫害的滋生蔓延，并使一些病害的发生越来越重，尤其是土传病害。因此，在定植和播种之前，必须对大棚进行消毒。

1. 空间消毒

（1）夏秋高温闷棚。在种瓜前7~15天，在棚内施肥翻地后，盖好塑料薄膜，关好门和放风口，闷棚7~15天，让棚温尽可能升高，晴天时棚内可达70℃左右的高温，杀菌、杀虫、消毒一举数得，是生产无公害瓜的措施之一（图3-67）。

图 3-67　棚室熏蒸消毒

（2）药剂熏烟消毒。①硫黄消毒：在播种前2～3天进行，每立方米用硫黄4克、锯末8克混匀，放在小容器内燃烧，宜在19时左右进行，熏烟密闭24小时。也可以每立方米用25%百菌清1克、锯末8克混匀，点燃熏烟消毒，分10堆点燃，密闭棚室熏蒸一夜，然后打开棚膜放风3～5天。若能加敌敌畏一起熏烟，杀菌灭虫可同时进行。但生长期应慎用，以防药害。②福尔马林消毒：在定植或育苗前对棚室进行消毒，300毫升40%福尔马林兑等量水，加热可熏蒸40立方米容积的棚室，熏蒸6小时，然后通风换气15天。

2. 棚架、设备、工具等消毒　多用1：（50～100）的福尔马林水溶液或1 000倍液高锰酸钾洗刷或喷洒（图3-68）。

图3-68　棚室植保机消毒

3. 苗床药剂消毒　可选择连续多年未种过茄果类蔬菜的肥沃园土和充分腐熟的优质厩肥做床土原料，按土肥比2：1的比例配制。对于立枯病、黄萎病、枯萎病、菌核病等，可外加50%多菌灵或70%甲基托布津；对于猝倒病、腐霉菌、茎基腐病、疫病等鞭毛菌亚门的病害，可加66.5%霜霉威（普力克）水剂；兼防以上病菌，可加50%乙磷铝、8%噁霉灵水剂或40%五氯硝基苯粉剂。其用量皆为每立方米床土80克，用土、肥、药充分混匀后制成的药土进行营养钵育苗。也可采用上铺下垫法，即每平方米用4～5千克细土混以上药剂10克，将土、肥、药充分混匀后制成药土，1/3撒于苗床面上，2/3播后盖在种子上面。但应注意，播后必须使苗床保持湿润，以免产生药害。

4. 土壤消毒 根据病虫种类选用农药，应在定植前10～15天进行。枯萎病发生严重的大棚，可向垄沟或地面喷浇100～200倍福尔马林溶液消毒，具体措施：将床土耙松，按每亩用400毫升40%甲醛加水20～40千克（视土壤湿度而定）或其150倍液浇于床土，用薄膜覆盖4～5天，然后耙松床土，两星期后待药液充分挥发后播种。其他病害可用50%多菌灵、50%托布津或70%敌克松1 000倍液喷洒土壤或拌成毒土撒施后翻入土中。有地下害虫的大棚地，可以在土壤处理时加一定数量的杀虫剂，如敌敌畏、阿维菌素、米乐尔等。若有根结线虫，最好在表土或定植沟（穴）撒施福气多颗粒剂药土（图3-69）。

图3-69 土壤熏蒸消毒

5. 注意事项

（1）选准药剂、严格控制用药量。

（2）科学掌握用药与播或定植的间隔期。

（3）防止人和作物中毒。

（三十）黄、蓝板诱杀技术

黄板和蓝板是利用一定的波长、颜色光谱及黄油等专用胶剂制成的黄、蓝色胶粘害虫诱捕器，利用蚜虫、斑潜蝇、粉虱等害虫成虫具有强烈趋黄性及蓟马有强烈趋蓝性的特点防治害虫的物理技术，一定程度上解决了药剂消灭虫卵困难的实际问题，有效控制了成虫的繁殖，可以避免和减少使用化学农药给人类、其他生物及环境带来的为害，诱杀率达到70%以上，是一项无污染、使用方便、诱杀效果显著、高效环保的技术（图3-70）。

图3-70　黄、蓝板诱虫

1. **黄、蓝板制作方法**　简单制作，将木板、塑料板或硬纸箱板等材料涂成黄、蓝色后，在板两面均匀涂上一层粘虫胶（黄色润滑油与凡士林或机油按1：0.3的比例调匀）即可。双面诱杀，用纸要平整不卷曲，防水性能好，黏度高。

2. **使用方法**　露地环境下，将竹竿下端插入土壤中，将捕虫板固定在竹竿上端即可；棚室条件下，用铁丝或绳子穿过诱虫板的两个悬挂孔，将其固定好，将诱虫板两端拉紧，垂直悬挂在温室上部。

3. **悬挂位置**　高度以超过作物生长点5～10厘米为最佳，并随着作物的生长调节高度。

4. **悬挂密度**　在温室或露地开始可悬挂3～5片诱虫板，以监测虫口密度，当诱虫板上诱虫量增加时，应根据害虫种类增加诱虫板数量，以达到诱杀效果。

（1）防治蚜虫、粉虱、叶蝉、斑潜蝇。每亩地悬挂规格为25厘米×30厘米的黄色诱虫板30片或25厘米×20厘米的黄色诱虫板40片即可，或视情况增加诱虫板数量。

（2）防治种蝇、蓟马。每亩地悬挂规格为25厘米×40厘米的蓝色诱虫板20片，或25厘米×20厘米的蓝色诱虫板40片，或视情况增加诱虫板数量。

5. 使用时间　在虫害发生前使用，时间越早越好，作物生育期坚持使用，效果最佳。

6. 悬挂方向　采用"Z"字形将诱虫板均匀放置于行间；东西向放置的黄、蓝板诱虫效果优于南北向。

7. 注意事项

（1）当黄、蓝板上粘虫面积达到60%以上时，粘虫效果下降，应及时清除粘板上的害虫或更换黄、蓝板，当黄、蓝板上粘胶不粘时也要及时更换。

（2）诱虫板在大棚中应用效果较好，在露地作物上应用时由于受天气、虫量等因素影响，效果相对较差，在害虫发生量较大情况下，只能减少害虫发生量，不能完全控制害虫，还需协调化学药剂来控制害虫为害。

（三十一）药害缓解技术

随着西瓜、甜瓜种植面积的扩大，病虫草害发生日益严重，为了减少病害的损失，生产中常采用喷施化学农药来预防和防治病虫草害，由于施药操作不规范以及使用农药不合理等原因，导致药害现象时有发生，致使植株畸形，生长发育受阻，产量和品质降低。通常药害产生后，迅速采取补救措施可降低药害造成的损失（图3-71）。

1. 清水冲洗　多数化学药剂都不耐水冲刷，如果因施药浓度过大造成药害，应立即（最好在施药后6小时以内）用喷雾器装满清水对着茎叶反复喷洗，可反复喷洗2~3次至农药浓度低于受害浓度，以冲去

图 3-71　不同类型药害症状

残留在植株表面的药剂，减轻药害；冲洗时，喷雾器的气压要足，喷洒的水量要大；还可在喷洒的清水中加入0.5％的石灰水，由于目前大多数农药遇到碱性物质易分解减效，可加快药剂的分解。

2. 以毒攻毒　高锰酸钾是一种强氧化剂，对多种化学物质都具有氧化、分解作用。在发生药害或发现用药不当时，立即喷洒高锰酸钾5 000～7 000倍液，可缓解药害。

3. 除去药害部位　应及时将受害较重的枝叶迅速剪除，以免药剂继续传导和渗透，并要及时灌水，防止药害继续加重。

4. 加强管理　药害会导致叶片功能降低，光合作用受到抑制，表现缺肥症状，此时应及时补施速效化肥或叶面肥。按照西瓜、甜瓜生长季节特性及时追施尿素或三元复合肥等，促进植株迅速生长，提高植株自身抵抗药害的能力。结合追肥浇水进行中耕松土，增加土壤的透气性以提升地温，可促进根系发育，帮助植株恢复生长能力。

5. 喷施叶面肥　可结合根部施肥和浇水，叶面喷施磷、钾肥，以改善植株营养状况，增强根系吸收能力。具体方法是：将优质过磷酸钙1千克，兑水40～50千克，浸泡一昼夜，取上层清液喷洒西瓜茎叶，再加上0.2%～0.3%磷酸二氢钾溶液，每亩喷洒50千克，也有利于植株恢复正常的生长发育。

6. 喷施生长调节剂

可根据药害不同，喷施不同的生长调节剂。如施氧乐果所造成的药害，喷施0.2%的硼砂溶液可缓解；施硫酸铜或波尔多液导致的药害，喷施0.5%氢氧化钙溶液可缓解；由草甘膦、24—D丁酯、胺苯磺隆、丁草胺等除草剂引起的药害，用0.15%天然芸薹素5 000～10 000倍液喷施作物，能够缓解药害；0.2%的肥皂液可缓解有机磷农药造成的药害。对于不明药害，可根外喷施1.8%爱多收6 000倍液或碧护8 000～10 000倍液。

（三十二）低温灾害补救技术

低温灾害是中国农业生产中主要的自然灾害之一。根据受害温度的特点可分为冷害、寒害、冻害、霜冻害4个类型。低温灾害主要以冷害、冻害形式体现，其中尤以冷害受害最重，植株遭受低于其生长发育所需的环境温度，引起农作物生育期延迟，或使其生殖器官的生理机能受到损害，导致减产（图3-72）。近几年，随着设施农业的持续

图 3-72　西瓜、甜瓜冻害为害症状

发展，设施生产面积不断增加，低温冷害对设施瓜类生产的影响也越来越大。特别是早春西瓜、甜瓜生产过程中"倒春寒"的出现，对瓜类生产的影响较大。因此，引导瓜农正确认识低温冷害，并采取有效措施积极补救，对于降低损失具有积极的推动作用。

1. 适当灌水　视土壤墒情适当灌水，增加土壤热容量，防止地温下降，有利于气温平稳上升。因此，发生冻害后可浇一次小水，捎带施少量速效肥料，促进植株恢复生长。

2. 放风升温　棚瓜受冻后不能立即闭棚升温，应先把通风口打开使棚内温度缓慢上升，让受冻组织逐步吸收因受冻而失去的水分，避免温度急剧升高而导致受冻组织坏死。太阳出来后应适度敞开通风口，过段时间再将通风口逐渐缩小、关闭，使棚温缓慢上升，并适当控制温度，白天温度不宜超过25℃，以防二次伤害，使其逐渐恢复生长。

3. 人工喷水　喷水可增加棚内空气湿度，稳定棚温，并能抑制受冻组织的水分脱出蒸发，促使组织吸水，促进植株恢复生长。

4. 剪除枯枝　嫩梢或生长点冻坏的瓜苗，可将坏死的茎叶或生长点剪除，促使其长出新蔓。瓜蔓全冻坏的要在根茎上部保留2~3片叶进行剪蔓。受冻轻的，可只剪受冻部分，保留正常部分，避免冻伤部位感染病害。

5. 适当遮阴　天气突然转晴时不要把上面的草帘全部揭开，隔1~2个放下1条草帘，即放花帘，或使用遮阳网并摘掉棚内悬挂的反光幕，以减弱光照，防止受冻植株直接受阳光照射，导致组织失水干缩而失去活力。

6. 补施肥料　对受冻植株合理追施速效肥，既能改善作物的营养状况，又能增加细胞组织液的浓度，增强植株耐寒抗冻能力，促进恢复生长。叶面喷施比土壤追施省肥且肥效快。以补施速效肥料为主，可叶面喷洒2%的尿素液或0.2%的硫酸二氢钾液。另外，也可以用纯牛奶、纯豆浆喷施，都可以减轻冷害。

7. 使用激素　受冻后植株生长缓慢，新叶、新枝迟迟不发，可喷洒外源性植物激素，以促进生长，加快机体恢复。发生冷害后可及时叶面喷施碧护7 500倍液或益施帮600倍液，以提高植株的抗逆性，促进生长，缓解冷害效果明显。

8. 防治病虫　植株受冻后病虫易乘虚而入，应及时叶面喷施一次嘧菌酯、百菌清等广谱性药剂和烟剂等，防治灰霉病、菌核病、立枯病等病害的发生，棚内湿度过大时可有针对性地点撒原粉，即用布包好原药，用竹竿绑住后，对准发病的部位轻敲撒药。

（三十三）常见杂草防除技术

西瓜、甜瓜是大宗水果作物，杂草多；杂草与西瓜、甜瓜争肥、争水、争光、争生存空间的矛盾，常会导致西瓜、甜瓜减产，轻者减产10%~20%，重者减产40%。同时，还影响西瓜、甜瓜的品质，降低甜度。西瓜、甜瓜田中伴生的杂草品种很多，常见的杂草，既有单子叶杂草，也有双子叶杂草。要想优质高产，做好杂草防除很重要，除农业防治措施外，还必须及早采取化学防治措施加以预防。

1. 农业除草法　合理轮作，阻止杂草发芽，消灭杂草。耕翻、耙地、中耕等土壤耕作措施是长期以来消灭杂草的基本方法，也是当前农业生产上的主要办法（图3-73）。

图 3-73　耕翻、耙地除草

2. 物理除草法　主要应用于夏、秋季节西瓜、甜瓜栽培，覆盖银灰色地膜或黑白两色地膜，使地面不见光或少见光，从而抑制杂草的滋生。早春栽培，可采用前期铺白地膜，后期铺黑地膜，既保证增温，又可有效防除杂草（图3-74）。

图 3-74　覆盖黑色地膜除草

3. 化学除草 化学除草是用除草剂防除有害杂草。西瓜、甜瓜对除草剂反应十分敏感，故应根据除草剂的性质、特点，杂草的性状、类型，在不同环境条件下合理选用药剂和设计使用方法，先实验、示范，取得经验后再逐步推广。

（1）移栽前除草剂。①异丙甲草胺：移栽前每公顷用720克/升异丙甲草胺2.0～2.4升，960克/升异丙甲草胺1.5～1.8升，土壤有机质含量低、低洼地、土壤水分充分时用低药量，土壤有机质含量高、岗地、土壤水分少时用高剂量。②仲丁灵：播前施药，施药后混土，每公顷用48%仲丁灵2.25～3.0升，壤质土用低剂量，黏质土用高剂量。③氟乐灵：播前施药，在播种前5～7天，每公顷用480克/升氟乐灵0.9～1.5升，兑水300～450升，全田喷洒。④敌草胺：播前施药，每公顷用50%敌草胺2.25～3.0千克，兑水300～450升均匀喷雾。

（2）苗后除草剂。常用于西瓜、甜瓜田苗后的药剂有：烯禾啶、精喹禾灵、精吡氟禾草灵、高效氟吡甲禾灵、烯草酮等。禾本科杂草3～5叶期，每亩用12.5%烯禾啶80～100毫升；或10%精喹禾灵20～50毫升；或150克/升精吡氟禾草灵50～65毫升；或108克/升高效氟吡甲禾灵30～35毫升；或120克/升烯草酮35～40毫升，兑水200～300千克，均匀喷雾。

4. 注意事项

（1）在喷施除草剂后随即覆盖地膜，防止雨淋。

（2）对易挥发的除草剂如氟乐灵等作土壤处理，施后要立即与土拌合。

（3）对不易挥发的除草剂在喷药后应保护药膜层，不要在施药土面行走。

（4）在西瓜幼苗移栽后，做到定向喷施，不要伤及瓜苗。

（5）根据土壤质地和天气情况掌握施用量，沙土田略低，黏土田略高，土壤墒情不足时要适量增加兑水量。

（6）在除草剂品种选择上要格外慎重，在用量上绝不能随意加大。

（7）对于大棚、小拱棚栽培的西瓜、甜瓜，大惠利是较合适的土壤处理剂，既安全又高效。使用其他药剂，应注意因田间小气候气温较高时，喷在土壤表面的药液蒸发，遇见拱棚的膜面就形成混有药液的水滴，造成回流药害。

（三十四）半吊蔓栽培技术

大棚栽培是我国西瓜早熟栽培的主要方式，大棚能够提高早春季节棚温，提早种植，提前上市，经济效益是露地栽培的3～10倍。但目前中大果型西瓜大棚生产多采用爬地式栽培，2～3蔓整枝，种植密度500～600株/亩。半吊蔓栽培将爬地与吊蔓相结合，可提高棚室空间利用率，增加种植密度，且可增加透光率，降低棚内湿度，对提高西瓜产量、品质及农户的经济效益具有明显的推动作用。

1. 品种选择　爬地西瓜选择适宜大棚栽培的早中熟、中大果型品种；吊蔓西瓜选择小果型品种。

2. 育苗　采用基质穴盘直播或嫁接培育壮苗，早春定植苗龄为3～4片真叶，秋延栽培定植苗龄为2～3片真叶。

3. 定植　将畦面做成龟背形，畦宽0.6～0.8厘米，每畦定植1行，定植行位于畦面中间，行距1.5～1.8米，株距0.4～0.5米。两行中间定植1行小果型西瓜，采用吊蔓栽培，种植密度1 000～1 200株/亩。

4. 肥水管理　苗子成活后及时浇缓苗水，加快缓苗。伸蔓期适当浇1次伸蔓水，并每亩增施磷酸二氢钾10千克；果实膨大期结合浇水每亩增施氮磷钾复合肥30千克，并叶面喷施0.1%磷酸二氢钾2～3次。果实成熟前10天，停止浇水，防止裂果影响成熟度和瓜的可溶性固形物含量。

5. 吊蔓、整枝　爬地西瓜采取1主1侧2蔓整枝，主蔓结果。开花坐果前主蔓沿畦面横向理蔓，侧蔓垂直吊起；主蔓雌花显露后，在畦面另一侧将主蔓垂直吊起，雌花距地面15～20厘米。雌花坐果后至幼瓜膨大期，幼瓜在畦面土层上方悬空吊起，膨大期果实在主蔓下方着地。吊蔓小果型西瓜采用单蔓整枝（图3-75）。

图 3-75　西瓜半吊蔓栽培

6. 留果　爬地西瓜一般在第2或第3雌花留瓜，吊蔓小果型西瓜一般在第8～12节位留瓜，可采取蜜蜂授粉或人工授粉，幼瓜坐稳后，幼瓜上方留10～12片真叶，摘心，侧蔓在主蔓雌花开放前1天摘心，主蔓、侧蔓上的所有侧枝均要及时清除。

（三十五）一种多收栽培技术

一种多收栽培技术特点是保证植株长期保持稳健的长势而不早衰，通过修剪整枝，使设施植株多次结瓜，采收期可以从5月中旬持续到10月上旬，能够连续采收4～5茬，可以达到品质优、产量高、投入少、效益高、上市期长的效果。该技术不仅可以有效规避和防范市场风险，而且可以建立起均衡供应的生产栽培体系，增加农民的经济收入，促进西瓜、甜瓜产业持续稳定健康发展。

1. 品种选择　选用早熟、无杈或少杈品种。

2. 施足基肥　重施基肥，较一茬瓜多施50%。可结合冬季耕翻亩施菜饼100～150千克、磷肥50千克。做畦时再亩施三元复合肥（氮：磷：钾=15：15：15或进口复合肥）10～15千克，硫酸钾8～10千克。

3. 实行早熟栽培　二次结瓜是在西瓜早熟的基础上进行的。因此，头茬瓜应采取保温育苗、地膜覆盖等早熟栽培措施，尽量为二次结瓜创造条件。

4. 确保植株生长 要特别注意保护好根系，防止太旱或太涝，要安全施肥。头蔓瓜采收前清除田间杂草、烂果、病株、残叶，并连喷2次500倍多菌灵和0.2%的尿素液肥，确保正常生长，防止植株早衰。

5. 整枝方法

（1）"新蔓留瓜"法。果实采收前，在植株顶部选留2～3条生长健壮、长势相近的新蔓授粉坐瓜，其余侧蔓全部摘除。此法管理简单，生育期较短，但坐瓜节位偏高，果偏小，产量较低。

（2）"割蔓再生"法。头茬瓜定个后，注意选留基部萌生的新蔓3条，其余去掉。头茬瓜采收后，在距离茎基部30～40厘米处割除老蔓，剪口位于节间末，剪去老（秧）蔓，留下30～40厘米长桩，利用基部原有的潜伏芽萌发新蔓。老蔓最好能一次性剪除，如前茬瓜成熟期早迟不一，采收早的个体如不及时剪去老蔓，也能自然萌发新侧蔓而消耗养分，也可分批分次进行。割蔓再生，新蔓较多，应适当疏减。该方法生育期偏长，但瓜个较大，产量较高。

6. 整枝后田间管理 整枝后每亩随水浇施15千克的尿素和15千克的硝酸钾，促进新蔓的生长或腋芽萌发。为促进枝蔓生长和坐瓜，用0.2%磷酸二氢钾喷施叶面。当瓜长到鸡蛋大小时，结合浇水每亩追施尿素6～10千克。

7. 留瓜 "新蔓留瓜"的植株可在第1、第2雌花授粉留瓜；"割蔓再生"法，再生蔓多雌花且易坐瓜，可在第2、第3雌花留瓜。一般每株只选留一茬瓜，也可对少数特优株留二茬瓜（图3-76、图3-77）。

8. 适时采收 二茬瓜较一茬瓜皮薄、易裂，一般在八九成熟时即可采收。

图 3-76　新蔓留瓜结二茬瓜

图 3-77　割蔓再生留二茬瓜

（三十六）贮藏保鲜技术

西瓜、甜瓜生产季节性很强，自然成熟采收期和贮藏期均很短暂，且成熟度比较一致，上市过分集中，使市场的供应突出地表现为淡—旺—淡的特点。淡旺季突出，所以市场上价格差额很大，最早上市和最晚上市的价格，往往比旺季市场价格高出1～3倍。因此，做好西瓜、甜瓜的贮藏和保鲜，不仅可调节市场供应、满足消费者的需求，还可以拉长产业链条，实现错峰上市，大大增加生产、经营单位和农户的经济收入。

1. 采摘时期及方法　选取以施用有机肥为主的高标准管理瓜园，在八九成熟、尚未出现呼吸跃变时采摘。生长后期严禁追施氮肥，采摘前7～10天停止浇水。采摘期要选在少雨、连续晴天后的早晨。采摘时，用洁净的剪刀剪留3～5厘米长的瓜柄。

2. 贮藏前处理

（1）库室消毒。选择环境清洁、阴凉通风、交通便利的新建民用住房作为贮藏室。彻底清扫后，用5～10克/米^{3}的硫黄密闭熏蒸消毒18～24小时，然后开窗通风。

（2）选瓜预贮。选择瓜形端正、成熟度适中、无病虫伤害、无机械损伤的瓜，放置在25℃干燥通风的环境中，高温预贮3～5天，然后转入10℃左右的低温环境中贮藏。预贮过程中，要用草毡遮盖，防止日晒、雨淋和损伤。

（3）防腐处理。①涂膜防腐：先用60%防腐宝可湿性粉剂800～1 000倍液清洗瓜果。晾干后，再按20∶1∶40的比例，将石蜡、阿拉伯胶和水充分混匀成乳油液，放在高压锅内，置于120℃的条件下，高温蒸煮灭菌15～20分钟，制成蜡胶喷涂液。冷却后，均匀涂抹在瓜的表面，形成防护膜，可起到良好的保湿防腐效果。②化学防腐：每立方米瓜用4克百菌清烟雾剂熏蒸20小时，或每千克瓜用0.07毫升山梨酸衍生物熏蒸24小时；每千克瓜用0.1～0.2毫升克霉灵以棉球或纸吸附，分散在西瓜四周，后用塑料薄膜密闭熏蒸24小时。

（4）温、湿度控制。低温有利于鲜果的贮藏和保鲜。理想的贮藏温度为10~15℃，相对湿度为90%左右。

3. 西瓜贮藏保鲜方法

（1）室内堆藏法。在阴凉干净的普通房屋、屋窖或地窖的室内，用福尔马林溶液消毒地面，然后铺上干稻草。将采收的七八成熟带6~7厘米瓜蔓的西瓜，放在10%~15%的食盐水中浸泡3~5分钟，然后按西瓜田间长向放置，一层干草一层瓜，留过道以利检查和通风。夜间换气降温，地面适当洒水增湿。此法可保鲜西瓜2个月。

（2）沙土养藏法。在干净通风避雨处，铺上60毫米厚的干净细沙；待西瓜长至七八成熟时在晴天清晨采收，注意西瓜应保留2~3片叶子，瓜蔓伤口处以草木灰糊住，轻轻码放一层，再盖细沙50毫米，将瓜叶留在外面制造养分。此法可保鲜西瓜3个月。

（3）盐水封藏法。选取采收后的完好成熟西瓜，在5%~10%的食盐水中浸泡2~4小时，然后再用0.5%~1.0%的山梨酸钾或山梨酸涂抹西瓜表面，密封在聚乙烯塑料袋内，于低温处（如地下室）贮藏。此法可贮藏半年以上。

（4）瓜蔓汁膜法。选用完好成熟的西瓜，在表面用瓜蔓汁300倍稀释液喷雾，稍干即形成一层薄膜，存于阴凉处即可。瓜蔓汁是将新鲜西瓜茎蔓研磨成浆，过滤出的汁液起保鲜作用是因为西瓜的茎蔓中含有抑制西瓜成熟呼吸的物质。此法可保鲜数月。

（5）保鲜剂保鲜法。VBAI保鲜剂是从中草药中提取的活性物质，是一种天然生物制剂。使用时操作简便，只需将西瓜在10%的药品稀释液中浸2~3分钟即可。其保鲜期为30~90天，保鲜1吨西瓜投资15元左右（图3-78）。

（6）低温贮藏法。把经过处理的西瓜装入塑料袋中，同时放些用饱和高锰酸钾浸泡过的碎泡沫塑料，以吸收西瓜本身产生的具有催化作用的乙烯，然后密封扎口贮藏。冷藏温度在12℃左右，相对湿度75%即可。此法可贮藏2个月左右（图3-79）。

图 3-78　保鲜剂保鲜贮藏

图 3-79　低温贮藏

4.薄皮西瓜、甜瓜贮藏保鲜方法

（1）选一阴凉通风处并打扫干净，在地面和四周撒上石灰粉，接着在地面或架子上铺一层稻草或麦秸，然后将套上泡沫网套的瓜轻轻摆放3~4层，这样可贮藏15~20天（图3-80）。

图 3-80　室内堆放贮藏

（2）将套上泡沫网套的瓜先装入竹筐或柳条筐内（不要装满，上部留一些空间），再把筐交叉叠放于阴凉通风的室内，保持室温16～18℃，相对湿度80%～85%，可贮藏20～25天。

（3）将套上泡沫网套的瓜装入有通气孔的纸箱或竹筐内，经预贮后交叉叠放于冷藏库内，保持温度8～10℃，相对湿度80%～85%，可贮藏2～3个月。

5. 厚皮甜瓜（哈密瓜）贮藏保鲜方法

（1）涂膜储藏。用0.1%托布津等浸瓜2～3分钟，捞出晾干后再用稀释4倍的1号虫胶涂抹瓜面，以形成一层半透明膜，晾干后包装入箱，放于温度2～3℃、相对湿度80%～85%条件下贮藏，可贮藏3～4个月。

（2）冷库贮藏。将经防腐和预冷处理的瓜装入有通气孔的纸箱或竹筐内，交叉叠堆于冷库内，早、中熟品种保持库温5～8℃，晚熟品种3～4℃，保持冷库相对湿度85%～90%，可贮藏4～5个月。

（3）地窖贮藏。瓜预冷后，每层隔板只摆放1层瓜，以后定期翻瓜，防止瓜与木板接触处腐烂。入窖初期要打开全部通气孔和门窗；当气温下降到0℃时即关闭窖门和通气孔，并保持窖温2～4℃，相对湿度85%～90%。也可在地窖内吊藏，方法是：在窖内一排相距50厘米的横梁上系上长1.5～2米的粗麻绳或布带，每3根为1组，绳或布带每50厘米打一死结，将瓜放在3根绳或布带打结后形成的兜内（瓜柄向上），挂完后每5～7天检查1次，发现瓜顶变软及时拣出。此法可将瓜贮藏至翌年4～5月。

6. 注意事项

（1）根据瓜的成熟度，以七八成熟的为好，于晴天清晨采摘，留10～15厘米的瓜柄，瓜柄末端用洁净的草木灰或石灰粉糊住断截面。

（2）保鲜贮藏的瓜不但要防外伤，更重要的是不能有内伤。

（3）贮藏室内要注意通风散热，应严格控制温、湿度。

（4）在不产生异味的前提下，贮藏温度愈低，果肉风味愈好，但容易出现冷害，影响外观，降低商品价值。在低温下贮藏时间愈长，愈容易出现冷害。贮藏期短时，可用较低温度贮藏，在贮藏期1个月左右时，14～16℃是安全温度，但须采取防腐措施。

（5）贮放瓜的架层应远离冷库墙壁，以防低温冻伤；如若发现腐烂变质的瓜，应及时拣出，以防侵染其他瓜；如若出现潮湿现象，应翻动瓜，并排潮除湿。